Norbert Nicoll

Gut leben ohne Wachstum

Norbert Nicoll

Gut leben ohne Wachstum

Eine Einladung zur Degrowth-Debatte

Mit einem Vorwort von Asuka Kähler,
Fridays for Future

Tectum Verlag

Norbert Nicoll
Gut leben ohne Wachstum. Eine Einladung zur Degrowth-Debatte
Mit einem Vorwort von Asuka Kähler, Fridays for Future

© Tectum – ein Verlag in der Nomos Verlagsgesellschaft,
Baden-Baden 2020
ISBN 978-3-8288-4474-2
ePDF 978-3-8288-7504-3
ePub 978-3-8288-7505-0

Umschlagabbildung: © Tamara Kuhn

Druck und Bindung: Docupoint, Barleben
Printed in Germany

Informationen zum Verlagsprogramm finden Sie unter
www.tectum-verlag.de

Bibliografische Informationen der Deutschen Nationalbibliothek
Die Deutsche Nationalbibliothek verzeichnet diese Publikation in der
Deutschen Nationalbibliografie; detaillierte bibliografische Angaben
sind im Internet über http://dnb.ddb.de abrufbar.

»Wir sind diejenigen, auf die wir gewartet haben.«

June Jordan, US-amerikanische Feministin

Vorwort

Es ist Zeit, dass wir das Problem klar benennen. Der Grund, weshalb unsere Zukunft gegen die Wand fährt. Weshalb wir protestieren. Es ist an der Zeit, dass wir mit der Symptombehandlung aufhören oder uns damit zufriedengeben, sondern an die Wurzel gehen. Das System, in welchem wir leben, die Maxime, nach denen unsere Gesellschaft ausgerichtet ist, die Grundlagen, auf denen unser ganzes Leben basiert. Diese müssen wir hinterfragen und ändern. Die Aufrechterhaltung des Status quo muss aufgegeben werden. Wir dürfen nicht dogmatisch am Kapitalismus festhalten.

Das hört sich erstmal für die meisten sehr abschreckend an. Aber weshalb ist das so? Weil wir von allen Seiten eingetrichtert bekommen, dass das aktuelle System das einzig funktionierende sei, die aktuell vorherrschenden Strukturen die besten seien, und, polemisch ausgedrückt, alles andere zum Untergang der zivilisierten menschlichen Gesellschaft führen würde.

Und das ist schlichtweg falsch.

Wir müssen gesellschaftliche und wirtschaftliche Strukturen etablieren, welche sich grundlegend an anderen Maximen orientieren als den vorherrschenden, kapitalistisch geprägten.

Aber was sind überhaupt diese kapitalistischen Maxime?

Heruntergebrochen gesprochen wären sie das endlose Wachstum, basierend auf Ausbeutung, was eine Ungleichheit zwischen Menschen voraussetzt.

Unendliches Wachstum auf einem Planeten mit endlichen Ressourcen ist nicht möglich. Ausbeutung menschlicher und natürlicher Ressourcen, was häufig zu Genoziden, Ökoziden und Femiziden führt, ist schon rein moralisch nicht vertretbar. Und warum sollte man Ungleichheit schützen wollen, solange man nicht an der Spitze steht? Warum sollten wir daran festhalten? Nur weil es für uns, den Menschen in den wohlhabenderen Ländern, bequem ist? Wollen wir so egoistisch sein? Wollen wir uns solch massiver Verleumdungstaktiken bedienen, um die globalen Zustände auszublenden? Ich hoffe nicht.

Denn sind wir mal ehrlich: Wollen wir eine Zukunft, in welcher große Teile der Welt nicht mehr bewohnbar sind? Eine Zukunft, wo wir zuschauen können, wie die Natur um uns herum stirbt? Wo wir tagtäglich von neuen Naturkatastrophen hören, die Menschen töten? In welcher Menschen nach wie vor aufgrund ihres Aussehens, ihrer Herkunft, ihrer Sexualität, ihres Genders diskriminiert werden?
Ich denke nicht.

Was müssen wir also tun?

Wir müssen JETZT damit anfangen, unsere Gesellschaft massiv zu verändern. Auf ALLEN Ebenen.

Anders als es häufig propagiert wird, reicht es nicht, auf individueller Ebene Verhalten umzustellen. Das ist natürlich wichtig, aber bei weitem nicht ausreichend. Wir brauchen umso dringender einen strukturellen Wandel. Und dieser muss aus der Politik kommen. Aber diese will den Status quo aufrechterhalten – und bildet somit klar einen Gegensatz zu unseren Zielen und menschlichen Bedürfnissen. Politische Entscheidungen dürfen sich nicht länger wirtschaftlichen Interessen unterordnen, vor allem nicht denen aus fossilen Sektoren.

Und darum kämpfen wir. Wir kämpfen nicht nur für Klimaschutz. Wir kämpfen dafür, die gesellschaftlichen und wirtschaftlichen Zustände massiv zu verändern, weg von unserem kapitalistischen System. Denn anders wird keine lebenswerte Zukunft möglich sein. Nicht für alle Menschen. Und das ist unser Ziel. Wir wollen eine lebenswerte Zukunft für alle Menschen weltweit schaffen.

Und dazu müssen wir zuallererst eine Postwachstumsgesellschaft schaffen, aber gleichzeitig diskriminierende Strukturen angehen. Wir müssen die Grundlagen für zukünftige Generationen legen, eine vollständig ökologische und diskriminierungsfreie Gesellschaft, in welcher Wachstum keine Maxime ist, und der Mensch als Individuum im Mittelpunkt steht.

Wir tragen die Verantwortung für zukünftige Generationen. Und wir müssen uns der Dringlichkeit der Situation bewusstwerden. Wenn wir nicht sofort handeln, ist es zu spät. Und unsere Handlungen, von jeder einzelnen Person, sei es in einem persönlichen, aktivistischen oder beruflichen Kontext, müssen dieser Dringlichkeit angepasst werden. Ebenso wie die politischen Maßnahmen. Und diese müssen wir mit unseren Handlungen erzwingen.

Asuka Kähler   Fridays for Future Deutschland/
                                Frankfurt am Main

Inhaltsverzeichnis

1. Wenn der letzte Baum gefällt wurde, dann essen wir unser Geld!

Die Coronakrise hat uns in diesem Jahr erschüttert und herausgefordert. Viele Schwierigkeiten bleiben zu bewältigen. Die Krise ist gleichzeitig ein Gelegenheitsfenster.

Seit der Industriellen Revolution ist die weltweite Produktion von Gütern und Dienstleistungen stark gewachsen. Gleichzeitig stiegen Wohlstand und Umweltbelastungen. Nun aber hat sich nie Dagewesenes ereignet: Die Welt hielt an. Dies geschah nicht aufgrund einer militärischen Konfrontation oder einer Naturkatastrophe. Es waren demokratisch gewählte Regierungen, die entschieden, die Bürgersteige hochzuklappen.

Die Coronakrise bietet die Chance, über viele Dinge ganz grundsätzlich nachzudenken. Wie wollen wir leben? Wie wollen wir wirtschaften? Wollen wir weitermachen wie bisher?

Umwelt- und Nachhaltigkeitsthemen rückten durch Covid-19 in den Hintergrund. Das dürfte nur vorübergehend der Fall sein. Die ökologischen Probleme, vor denen wir stehen, sind massiv. Der Klimawandel, das Artensterben, die Regenwaldzerstörung, die Vermüllung der Ozeane sowie der Raubbau an wichtigen Ressourcen der Erde sind nur einige wenige Stichworte in diesem Zusammenhang.

Wir stehen vor großen Veränderungen. Davor können wir uns fürchten. Oder wir handeln.

»Es ist zu spät, um Pessimist zu sein«, sagte der französische Fotograf und Umweltschützer Yann Arthus-Bertrand.

Recht hat er. Niemand sollte sich entmutigen lassen. Die Vorstellung, man müsse *erst* den Kapitalismus abschaffen, *bevor* man damit beginnen kann, Dinge zu verändern, führt in die Irre. Man kann jetzt schon etwas tun. Realismus heißt auch: im Rahmen seiner Möglichkeiten und seiner Reichweite Dinge zu verändern.[1] Davon handelt unter anderem dieses kleine Buch.

Viele Menschen zeigten sich in der Coronakrise solidarisch. Sie bewiesen, was sie im Rahmen ihrer Möglichkeiten und ihrer Reichweite tun konnten. Nachbarschaft funktionierte. Menschen traten aus ihrer Anonymität heraus, um zum Beispiel älteren Bewohnern beim Einkaufen zu helfen.

Vielen Menschen dämmerte in ihrem stillen Kämmerlein aber auch, wie fragil und wenig widerstandsfähig unser herrschendes Wirtschafts- und Gesellschaftsmodell tatsächlich ist. Globalisierte Lieferketten offenbarten ihre Störungsanfälligkeit. Die Krise zeigte uns auch, was in unserer Gesellschaft wirklich systemrelevant ist. Durch die Pandemie ist uns stärker bewusst geworden, dass wir eben doch nicht alles kontrollieren und beherrschen können, ganz gleich, wie sehr wir das auch glauben.

Nicht wenige Menschen glaubten bis zur Krise: Die Zukunft wird wie die Vergangenheit – nur besser. Mit mehr Reisen, mehr Freizeit, mehr neuen Gadgets und Gimmicks, mehr materiellem Wohlstand. Vielen Menschen schwant nun, dass dieses Bild einer Gesellschaft des *Immer-mehr* möglicherweise falsch ist. Die etablierte Politik versucht an diesem Bild mit aller Kraft festzuhalten. Sie wiederholt die Fehler der Jahre 2008–2009, als die vorläufig letzte Banken- und Finanzkrise über uns hereinbrach. Nun soll wieder alles mit Steuergeldern gerettet

---

1 Vgl. Welzer, Harald: Mehr Zukunft wagen. Zeit für Wirklichkeit – aber eine andere, S. 60, in: Blätter für deutsche und internationale Politik, 64. Jg., Nr. 4, 2019, S. 53–64.

werden, was bei drei nicht auf den Bäumen ist. Frankreich und Deutschland retteten ihre Fluggesellschaften, ganz ohne oder nur mit schwachen Auflagen. Hierzulande diskutiert man auch wieder über Abwrackprämien für die Automobilindustrie. In manchen Ländern wie z. B. den USA fließen derweil großzügige Hilfen für die Öl- und Gasbranche.

Was ist der Plan? Wenn der letzte Baum gefällt wurde, dann essen wir unser Geld![2] Wirklich? Ich weiß nicht, wie es Ihnen dabei geht. Aber mich macht das sprachlos.

Dabei rede ich eigentlich gerne. In den letzten Jahren habe ich eine Menge Vorträge gehalten. »Was kann ich denn persönlich tun?«, fragen mich viele Leute bei diesen Gelegenheiten immer wieder. Was ich ihnen als Antwort anbieten kann, ist für viele enttäuschend. Sie erwarten einen konkreten, gut durchdachten 10-, 12- oder 18-Punkte-Rettungsplan. Den ich aber nicht liefern kann. Und auch nicht liefern will.

---

2 Im Original lautet die vermeintliche Weisheit der Cree-Indianer so: »Erst wenn der letzte Baum gerodet, der letzte Fluss vergiftet, der letzte Fisch gefangen ist, werdet ihr merken, dass man Geld nicht essen kann.« Ob die alte indigene Mahnung aber wirklich von den Cree-Indianern stammt, ist heute sehr fraglich.

Leider leer: der ultimative Flucht- und Rettungsplan

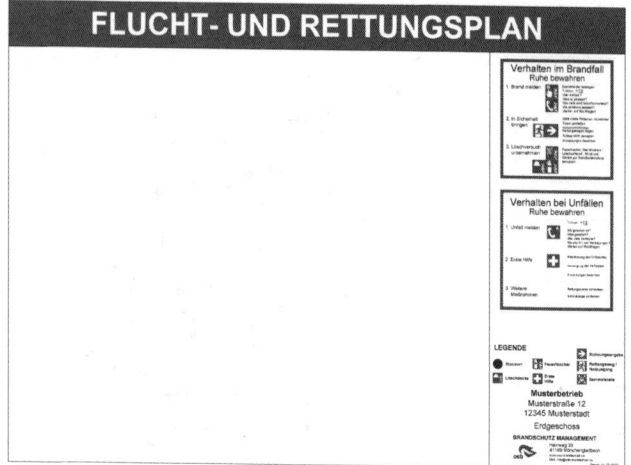

Muster Flucht- und Rettungsplan nach DIN ISO 23601, Urheber: Graß. Wikimedia Commons, CC BY-SA 4.0, Bearbeitung durch den Autor.

Bildquelle: https://upload.wikimedia.org/wikipedia/commons/8/82/Muster_Flucht-_und_Rettungsplan_nach_DIN_ISO_23601.png [Stand: 26.4.2020].

Ein solches gedankliches Konstrukt wäre unserer Situation unangemessen, weil hoffnungslos unterkomplex. Und obendrein geschichtsvergessen: Die Geschichte lehrt, dass die meisten von Menschen geplanten großen Transformationen schiefgegangen sind. Sozialistische Utopien des 19. und des 20. Jahrhunderts haben versucht, Modelle künftiger Gesellschaften am Reißbrett zu entwerfen. Sie scheiterten, frustrierten ihre Anhänger und schreckten viele Menschen ab – bis heute. Eine andere Gesellschaft und eine andere Wirtschaft lassen sich nicht wie Stühle, Brillen oder Jeanshosen designen und konstruieren. Neue gesellschaftliche Strukturen lassen sich nicht planmäßig herstellen – sie entstehen aus Auseinandersetzungen zwischen Menschen. Die Ergebnisse daraus sind weder plan- noch vorhersehbar, weil Menschen und ihre Konflikte von einer grundsätzlich anderen Art sind als Stuhlbeine, Brillenbügel oder Hosenknöpfe.[3]

Auch wenn ich keinen solchen Rettungsplan vorlegen kann und will, möchte ich nicht in Empörung und Ohnmacht verharren. Gefühle der Wut und der Ohnmacht lähmen und nutzen all jenen, die eine Verteidigung des Status quo anstreben. Besser ist es, aus Wut Mut zu machen.

Wer sich mit den verschiedenen Krisen unserer Zeit befasst, wird demütig. Die Ursache-Wirkungs-Zusammenhänge sind mitunter sehr kompliziert.

Ich gestehe: Ich habe keine Antwort auf alle Probleme. Dennoch gibt es Pfade und Ideen, die ich für interessant und gangbar halte. Darum soll es im Folgenden gehen. Dieses schmale Buch ist eine Ideenskizze. Der zeitliche Horizont der Vorschläge ist kurz- und mittelfristig. In der langen Frist halte ich ein postkapitalistisches System für notwendig.[4]

Meine Perspektive ist die eines Nachhaltigkeitsforschers. Diese Perspektive ist eine sehr begrenzte, ich habe blinde Flecken mit Blick auf Gender- und Klassenfragen sowie mit Blick auf Flucht und Migration. Ich bin noch relativ jung, weiß und akademisch. Ich schreibe aus einer privilegierten Position. Ich habe nicht den Anspruch, für andere zu sprechen. Und ich

---

3 Vgl. Scheidler, Fabian: Chaos. Das neue Zeitalter der Revolutionen, Wien 2017, S. 97.

4 Wie ich in »Adieu, Wachstum!« ausführlich dargelegt habe, ist der Wunsch nach einem Kapitalismus ohne Wachstumszwang ein Widerspruch in sich selbst. Der Kapitalismus, wie wir ihn kennen, muss wachsen, um sich dynamisch zu stabilisieren. Er gleicht einem Fahrrad. Je schneller man strampelt, umso rasanter geht es vorwärts. Stillstand ist nicht vorgesehen. Rückwärtsfahren erst recht nicht.

möchte mich nicht in die Position begeben, jedem einzelnen Menschen zu sagen, was er tun oder lassen soll. Das wäre anmaßend. Wer bin ich denn?[5]

Ich gestehe außerdem: Ich bin, was unsere Zukunft angeht, nicht übermäßig optimistisch. Es gibt Abende nach intensiver Forschungsarbeit, an denen es mir nicht so gut geht, weil ich denke, dass wir nicht mehr die Kurve kriegen. Vielleicht kommt Ihnen das Gefühl bekannt vor. Was macht man da?

Antonio Gramsci zu lesen, hilft dann. Gramsci wurde von dem italienischen Diktator Benito Mussolini ins Gefängnis geworfen. Seine Lage in seiner engen Zelle war aussichtslos. Kurz vor seinem Tod beschwor Gramsci dennoch den »Pessimismus des Verstandes«, aber gleichzeitig auch den »Optimismus des Willens«.[6]

Daran können wir uns orientieren. Richtig ist, dass es neben all den schlechten Nachrichten auch viele gute gibt. Diese werden oft weniger beachtet. Viele Menschen setzen sich im Kleinen für eine andere Welt ein. Sie lassen sich nicht entmutigen. Sie handeln.

»Handeln«, so schrieb der US-amerikanische Naturforscher, Philosoph und Schriftsteller Edward Abbey (1927–1989), »ist das Mittel gegen Hoffnungslosigkeit.«

Aber *was* sollten wir tun?

---

5 Diese Klarstellungen scheinen mir wichtig zu sein. Ich folge hier: I.L.A. Kollektiv (Hg.): Das Gute Leben für Alle. Wege in die solidarische Lebensweise, München 2019, S. 12.

6 Antonio Gramsci, in Anlehnung an Romain Rolland, in: Gramsci, Antonio: Gefängnishefte, Band 1, Hamburg 1991, S. 136.

Die Entscheidungsträger in Politik und Wirtschaft rücken vor allem eine Strategie in den Vordergrund: Effizienz. Neue Produkte und bessere Produktionsverfahren verbrauchen weniger Energie und Rohstoffe, so das Versprechen. In der Vergangenheit konnte dieses Versprechen aber nur sehr bedingt eingelöst werden: Der Energie- und Ressourcenverbrauch stieg global in den letzten Jahrzehnten – trotz besserer Technologie.

Ein anderer Hoffnungsträger ist die Strategie der Konsistenz. Demnach sind Wirtschaftskreisläufe natürlichen Kreisläufen anzupassen. Die Natur kennt keinen Müll, nur Nährstoffe. Alles in der Natur ist in wunderbaren Kreisläufen organisiert. Wenn Sie noch nie etwas von Konsistenz gehört haben, ist Ihnen aber wahrscheinlich schon ein anderer Begriff begegnet: Kreislaufwirtschaft. Jeder kennt ganz sicher ein Beispiel: Mehrwegflaschen. Aber es geht um mehr als um Flaschen. Im Bereich der Kreislaufwirtschaft hat sich in den letzten Jahren viel getan. Heute gibt es zum Beispiel auch kompostierbare T-Shirts, Turnschuhe oder Sitzflächen. Das kann uns helfen. Aber reicht das?

Ich will weder die Effizienz- noch die Konsistenzstrategie in Abrede stellen. Wir brauchen beide. Aber: Beide Strategien legen uns nahe, dass wir so weitermachen können wie bisher. Ich glaube nicht, dass es ohne unbequeme Verhaltensänderungen gehen wird. Ich plädiere daher dafür, eine dritte Strategie stark zu machen – die Strategie der Suffizienz. Das heißt: Menschen ändern ihr Verhalten mit der Absicht, weniger Energie und Rohstoffe zu verbrauchen.

Mahatma Gandhi hat schon gewusst: »Die Welt hat genug für jedermanns Bedürfnisse, aber nicht für jedermanns Gier.« Dieses Diktum des großen Staatsmannes ist auch mehr als 70 Jahre nach seinem Tod im Jahr 1948 noch gültig.

Klar scheint mir auch: Wir brauchen ein anderes Verhältnis zur Natur. Wir sind Teil der Natur. Wir benötigen wieder den Blick für ihre Schönheit. Verzückung für das Wunder, das sie ist. Solange wir Menschen uns als Krone der Schöpfung sehen und meinen, die restliche Natur knechten und ausbeuten zu können, sind wir unrettbar verloren.

Weltbilder und soziale Rollenmodelle, die Software in unseren Köpfen, sind extrem wichtig. Aber auch die Hardware ist nicht zu vernachlässigen. Wir brauchen politische, wirtschaftliche und soziale Strukturen, die unsere Lebensgrundlagen auf der Erde nicht zerstören. Aber *wie genau* könnten diese Strukturen aussehen?

2. Die große Erzählung des Wachstums herausfordern

Viele Probleme, mit denen wir konfrontiert sind, sind komplex und vielschichtig. Sie haben strukturelle Ursachen, die oft sehr tief liegen.

Mit »Wachstum« verbindet sich eine »große Erzählung«. Diese beinhaltet das Versprechen, dass es uns (materiell) immer besser geht. Es geht immer nur aufwärts. Jeder Mensch kann sich entwickeln und aus seinem Leben das machen, was er möchte. Dieses Versprechen hat sich heute abgenutzt. Es bedarf einer neuen, sinnstiftenden »großen Erzählung«. Einem Narrativ, das die Menschen emotional berührt. Ihnen Mut macht und sie zum Handeln motiviert.[7]

Diese neue »große Erzählung« gibt es noch nicht. Jedenfalls nicht als Gesamtgeschichte. Aber sie ist in Arbeit – Millionen von Menschen auf der ganzen Welt arbeiten daran. Viele fast unsichtbar im Kleinen.

Im Kleinen arbeiten zum Beispiel die mexikanischen Zapatisten – mit ihrer Haltung fühle ich mich verbunden. Die Zapatisten, die im mexikanischen Chiapas leben, möchten die Exklusion der indigenen Bevölkerung beenden. Sie haben keine politische Revolution auf den Weg gebracht, die das Ziel der Übernahme der Staatsmacht vorsieht. Sie verstehen sich weder

---

7 Vgl. Roos, Ulrich: Die Krise des Wachstumsdogmas. Ein Plädoyer für eine intervenierende Sozialwissenschaft, S. 50, in: Blätter für deutsche und internationale Politik, 64. Jg., Nr. 6, 2019, S. 49–58.

als politische Partei noch als Avantgarde. Die Zapatisten suchen innerhalb der mexikanischen Zivilgesellschaft nach Alternativen.

Suchen. Das Verb ist entscheidend. Ich hege große Sympathien für das Motto der mexikanischen Zapatistas: »Fragend gehen wir voran« (preguntando caminamos). Ja, auch ich gehe fragend voran. Wie viele andere habe ich eine Vorstellung von der groben Richtung, die einzuschlagen ist. Offenkundig ist: Der Kapitalismus ist ein System, das auf Expansion angelegt ist. Er *muss* wachsen. Dieses Wachstum ist auf lange Sicht nicht mehr möglich. Damit liegt eine tragfähige und im echten Sinne nachhaltige Antwort auf unsere Probleme jenseits des Kapitalismus.

Einschränkend sei angemerkt: Die Länder des Südens müssen kurz- und mittelfristig weiterwachsen können. Nur so können kurzfristig weite Teile der Bevölkerung Armut, schlechter Bildung und einfach zu heilenden Krankheiten entkommen. Negative Auswirkungen auf die Umwelt müssen vorerst in Kauf genommen werden. Allerdings brauchen die armen Länder eine Vision, wohin die Reise gehen soll. Streben sie an, den gleichen Entwicklungsstand wie die Industrieländer zu erreichen, landen auch sie in der Sackgasse.

Für die reichen Länder des Nordens muss es einen vollkommen anderen Plan geben. Schon seit vielen Jahren werbe ich für eine Wachstumsrücknahme und für den Aufbau einer Postwachstumsökonomie – einer *Nachwachstumswirtschaft*.

Allerdings habe ich in vielen Diskussionen festgestellt, dass vor allem die erste Forderung, die Wachstumsrücknahme, mehr Missverständnisse in sich birgt als ich ursprünglich dachte.

Eine Wachstumsrücknahme scheint auf den ersten Blick eine schlechte Idee zu sein. Eine *ausgesprochen* schlechte Idee. Denn Wachstum gilt als Problemlöser für alles. Arbeitslosigkeit? Wir brauchen mehr Wachstum! Die Einkommen stagnieren? Die Wirtschaft muss mehr wachsen! Umweltschutz? Geht nur mit mehr Wachstum! Das Wachstum sei, so heißt es immer wieder, die entscheidende Quelle unseres Wohlstands.

Entwirren wir das Knäuel! Zunächst: Von jedem Dogmatismus ist Abstand zu nehmen. Eine wachsende Wirtschaft ist nicht automatisch gut. Der Umkehrschluss wäre aber ebenfalls falsch: Auch eine schrumpfende Wirtschaft ist nicht automatisch gut. Mehr zu besitzen ist nicht automatisch besser. Weniger zu besitzen auch nicht. Technik an sich ist weder neutral noch gut noch böse. Welche Technik wann, wie, von wem und wozu eingesetzt wird, hängt von Strukturen und Machtverhältnissen ab, die in einer Gesellschaft vorherrschen.

Absage an Scheinlösungen

Es gilt also, zu differenzieren und immer auf der Hut zu sein. Zum Beispiel vor manchen Angeboten eines »ethischen Konsums«. Vieles, was einmal als schädlich galt, wird heute als Beitrag zur Rettung der Welt angepriesen. Das fängt bei »grünen« Aktienfonds an, reicht über Nespresso-Kaffee bis zum 2,5 Tonnen schweren XXL-SUV von Tesla. Manche grünen Lügen werden umso bereitwilliger geglaubt, je dreister diese sind.[8]

---

8 Vgl. dazu Hartmann, Kathrin: Die grüne Lüge. Weltrettung als profitables Geschäftsmodell, München 2018, S. 11–15.

Ein echtes Schwergewicht: das Model X von Tesla

Leergewicht des Tesla Model X 100D: 2534 kg. Wikimedia Commons, CC BY-SA 3.0.

Bildquelle: https://upload.wikimedia.org/wikipedia/commons/e/e4/Tesla_Model_X_%288403033571%29.jpg [Stand: 26.4.2020].

Die meisten Akteure in Politik und Wirtschaft setzen auf »grünes«, »intelligentes«, »qualitatives« oder »nachhaltiges Wachstum«. Dieses soll die negativen Auswirkungen unserer Wirtschaftsweise verringern *und* gleichzeitig das Wachstum ankurbeln. Die EU-Kommission geht voran und gibt sich demonstrativ optimistisch. Die Wachstumsstrategie der Europäischen Union will Nachhaltigkeit und Wachstum versöhnen. Gleichzeitig soll eine besonders wettbewerbsfähige Wirtschaft entstehen.

Die Präsidentin der EU-Kommission Ursula von der Leyen erklärte dazu im November 2019: »Der europäische Grüne

Deal ist unsere neue Wachstumsstrategie. Er wird uns helfen, Emissionen zu senken und gleichzeitig Arbeitsplätze zu schaffen.«[9]

Eine Billion Euro will die EU zwischen 2020 und 2030 in ihren »European Green Deal« investieren. Gut die Hälfte dieser Summe soll durch Umschichtung aus den bestehenden Sozial-Strukturfonds zusammenkommen. Durch den Green Deal sollen die EU-Emissionen bis 2030 um 55 Prozent gegenüber dem Stand von 1990 sinken.

Der Klimaschutzplan 2050 der Bundesregierung ist ein anderes Beispiel für eine Ausrichtung auf grünes Wachstum. Niemand muss auf etwas verzichten, weil neue tolle Technologien schon alle Probleme lösen werden. Eine Einschränkung unseres Konsums ist aus dieser Perspektive nicht erforderlich – unsere Lebensweise kann so bleiben wie sie ist.

Beseelt ist das Ganze von den Profitinteressen der Wirtschaft. Macht-, Besitz- und Produktionsverhältnisse bleiben aus dieser Perspektive unangetastet. Es geht nicht darum, die ökologischen Grenzen des Planeten einzuhalten, sondern diese Grenzen mittels technischer Innovationen zu erweitern.[10]

Der grüne Deal soll uns ruhiger schlafen lassen. Aber er greift zu kurz. Die harte Wahrheit ist: Wir verbrauchen in den reichen Ländern deutlich zu viele Rohstoffe und müssen unsere Wirtschaft dematerialisieren. Wir brauchen individuelle *und*

---

9 Europäische Kommission: Rede der gewählten Kommissionspräsidentin von der Leyen im Europäischen Parlament anlässlich der Debatte zur Vorstellung des Kollegiums der Kommissionsmitglieder und seines Programms am 27. November 2019 in Straßburg. Online unter: https://ec.europa.eu/commission/presscorner/detail/de/speech_19_6408 [Stand: 5.6.2020].

10 Vgl. Hartmann, Kathrin: Aus kontrolliertem Raubbau. Wie Politik und Wirtschaft das Klima anheizen, Natur vernichten und Armut produzieren, München 2015, S. 19.

kollektive Nutzungsgrenzen für natürliche Ressourcen. Grünes Wachstum löst dieses Grundproblem nicht.

Eine Wachstumsrücknahme scheint mir deshalb die einzige Antwort auf die zentrale Herausforderung zu sein, vor der wir stehen. Wir brauchen etwas, das man in der Wissenschaft »absolute Entkopplung« nennt. Das ist die 1.000 Billionen-Euro-Frage. Absolute Entkopplung heißt: Die Wirtschaftsleistung wächst und *gleichzeitig* gehen der Energie- und Ressourcenverbrauch sowie die Emissionen zurück. Global wurde dieses zentrale Ziel in der Vergangenheit immer wieder verfehlt.[11]

Eine Wachstumsrücknahme folgt gleichzeitig dem Vorsorgeprinzip. Die Wachstumskräfte werden langfristig schwächer werden – es ist besser, sich vorher darauf einzustellen.

Wachstumsrücknahme heißt nicht, dass alle Menschen von heute auf morgen wie ein Fakir auf dem Nagelbrett leben sollen. Das wäre kopflos und würde zum Crash aller Systeme führen. Dieser Crash soll gerade verhindert werden. Eine Wachstumsrücknahme ist auch nicht gleichbedeutend mit Rezession – und erst recht nicht mit Depression. Beide Prozesse verlaufen ungeplant und chaotisch. Sie sind nicht wünschenswert.

---

11 Die Gründe dafür sind vielfältig und sind u. a. in Rebound-Effekten und sinkender Nettoenergie zu finden. Vgl. dazu ausführlich Nicoll, Norbert: Adieu, Wachstum! Das Ende einer Erfolgsgeschichte, Marburg 2016, Kapitel 14–18 und Kapitel 22. Vgl. dazu auch Binswanger, Mathias: Der Wachstumszwang. Warum die Volkswirtschaft immer weiterwachsen muss, selbst wenn wir genug haben, Weinheim 2019, S. 240–241.

Auswirkungen von Covid-19

Das belegt eindrucksvoll die Coronakrise. Der Wachstumseinbruch durch Covid-19 sorgte dafür, dass der Energie- und Ressourcenverbrauch deutlich schrumpfte. Auch die CO_2-Emissionen werden 2020 voraussichtlich so stark sinken wie es keine Klimaschutzmaßnahme vermocht hätte. Nach vorläufigen Berechnungen reduziert sich der globale CO_2-Ausstoß durch Ausgangsbeschränkungen, Kontaktsperren und Grenzschließungen um mindestens 8 Prozent.[12]

Trotzdem ist das erzwungene Herunterfahren der Wirtschaft im Zuge der Coronakrise kein erstrebenswertes Modell. Ich plädiere für einen Wandel durch Suffizienz. Dieser schließt das freiwillige und selbstbestimmte Maßhalten mit ein. Dieses Moment der Selbstbestimmtheit fehlt.

Von der Krise sind alle betroffen. Grundrechte wurden auf eine bedenkliche Weise eingeschränkt. Wie immer in solchen Krisen sind es die Schwächsten, die am härtesten getroffen werden. In ganz Europa sind Arbeitslosigkeit und Armut infolge der Wirtschaftsschrumpfung drastisch angestiegen. Das ist, um es nochmals ganz klar zu sagen, nicht der Plan!

Keine Abstriche am Bestand

Wachstumsrücknahme heißt zunächst, dass sich die Politik vom Ziel der Wachstumsförderung verabschiedet. Nachhaltigkeitsziele bekommen Vorrang. Die Politik verzichtet auf Wachstumsbeschleunigungsgesetze und ergreift stattdessen

---

12 Vgl. Internationale Energieagentur: Global Energy Review 2020, Paris 2020. Online unter: https://www.iea.org/reports/global-energy-review-2020 [Stand: 13.5.2020].

Maßnahmen, um die wirtschaftlichen, sozialen und politischen Strukturen unabhängiger vom Wachstum zu machen. Wenn das Wachstum schwächer ausfällt oder ganz ausbleibt, sind die Folgen weniger gravierend.

Eine Wachstumsrücknahme erfordert keine Abstriche an dem Bestand der Dinge, die wir schon haben: Bahnhöfe, Schulen, Wohnhäuser, Möbel, Abwasserleitungen oder Opernhäuser. Wir müssen auch nicht aufhören, neue Güter zu produzieren und zu verbrauchen. Aber diese Güter müssen anders produziert und verbraucht werden – und die bloße Quantität wird sinken.

Wie bewerkstelligt man das? Wie könnte eine Wachstumsrücknahme konkret aussehen? Die Politik muss nicht Nullwachstum oder Negativwachstum dekretieren – das wäre nicht zielführend und auch nicht mehrheitsfähig.

Klar ist aber: In allen Bereichen der Gesellschaft müssen Energie und Ressourcen eingespart werden.

Anders als manche vielleicht glauben oder vermuten, muss man gar nicht die Wachstumsraten an sich ins Visier nehmen. Viel besser wäre es, den Hebel bei den Stoffströmen und Umweltbelastungen anzusetzen. CO_2-Emissionen lassen sich beispielsweise begrenzen.

Wie? Indem die Politik klare und verlässliche Vorgaben macht, die bei Nichtbefolgung zu sanktionieren sind.

Ein Beispiel: Es könnte vorgegeben werden, dass die Emissionen jedes Jahr um zwei Prozent sinken müssen. Dann wäre man in 50 Jahren bei 0. Oder es könnte per Gesetz vorgeschrieben werden, dass der Verbrauch von Roh- und Brennstoffen um zwei Prozent pro Jahr sinken muss. Wichtig für Unternehmen wie Verbraucher wäre eine langfristige Planbarkeit – dieser Entwicklungspfad müsste auch klar kommuniziert werden.

Dieser Prozess ließe sich gut über die Beeinflussung von Preisen steuern. Wer z. B. heute weiß, dass Diesel und Benzin an der Tankstelle Jahr für Jahr um so und so viel Prozent kontinuierlich teurer werden im Vergleich zum Strompreis, kann sich ausrechnen, ab wann sich die Anschaffung eines Neuwagens mit Verbrennermotor im Vergleich zu einem (kleinen!) Elektroauto nicht mehr lohnt. Wird Mobilität dank steigender Energiepreise teurer, haben regionale Produkte automatisch einen Wettbewerbsvorteil. Fallen die steuerlichen Vergünstigungen für Kerosin, nützt das der Bahn.[13]

Der Wandel der Wirtschaft würde kommen. Eine internationale Koordinierung solcher Maßnahmen wäre dabei aber sehr wichtig.[14]

In einem etwas weiter fortgeschrittenen Stadium schließt eine Wachstumsrücknahme auch die Schrumpfung bzw. die Konversion[15] bestimmter Wirtschaftszweige ein. Dieser komplexe Prozess muss geplant werden – und zwar so intelligent

---

13 Vgl. Spiecker, Friederike: Strukturwandel im Zuge der Corona-Krise – Teil 1. Online unter: http://www.aa-jy.de/pdf/2020/2020_04_28_Spiecker_strukturwandel-im-zuge-der-corona-krise-1.pdf [Stand: 14.6.2020].

14 Wird das beispielhaft beschriebene Vorgehen bei der staatlichen Steuerung der Preise für fossile Brennstoffe nicht international abgestimmt, bewirkt es in puncto Klimaschutz gar nichts. Denn die dann auf Dauer relativ langsamer wachsende oder abnehmende deutsche Nachfrage drückt auf die Preise an den internationalen Märkten für fossile Brennstoffe, was die Nachfrage aus anderen Staaten tendenziell steigen lässt, wenn dort nicht am gleichen Strang gezogen wird. Im Ergebnis bleiben die fossilen Brennstoffe nicht in der Erde, sondern werden weiterhin verbrannt – eben nur anderswo auf der Welt. Vgl. dazu Spiecker, Friederike: a. a. O.

15 Konversion meint eine drastische Umwandlung/Umstellung einer Produktion. So könnte z. B. die Autoindustrie in Zukunft deutlich weniger Autos, aber dafür Windturbinen herstellen. Diese Vorstellung ist gewagt, aber nicht vollkommen abwegig. In der Coronakrise produzierten Autohersteller wie General Motors, BMW oder Ford plötzlich Beatmungsgeräte. Auch in Kriegszeiten zeigte sich immer wieder, dass bestimmte Industrien ihre Herstellung schnell umstellen konnten.

und demokratisch wie möglich. Wie bei Covid-19 gilt auch hier »flatten the curve«. Es gilt dafür zu sorgen, dass nicht zu viele Jobs in kurzer Zeit verloren gehen, weil das die Sozialsysteme und das politische System überfordern würde.

Dieser langfristige Prozess ist also etwas weder Zufälliges noch Erlittenes, sondern etwas sehr Bewusstes.

So verstanden, bedeutet eine Wachstumsrücknahme in den Industrieländern, dass die Wirtschaftsleistung vieler, aber längst nicht aller Sektoren abnimmt. Die Automobilindustrie wird ebenso an Größe und Gewicht verlieren wie die Schifffahrt, der Flugzeugbau, der Ferntourismus, die Luxusgüterindustrie oder die Rüstungsbranche. Andere Wirtschaftszweige wie der Sozial-, Bildungs- oder der Kulturbereich können und sollen wachsen – dort entsteht dann auch zusätzliche Beschäftigung. Gleiches gilt auch für den gesamten Sektor der erneuerbaren Energien. Zudem gibt es viele Schäden der Industriegesellschaft zu reparieren.

Unter dem Strich sinkt aber möglicherweise das Bruttoinlandsprodukt (BIP)[16], also der Maßstab, an dem sich die politischen Entscheidungsträger orientieren.

Langlebige Produkte und Selbstversorgung

Die Anforderungen an Produkte in einer Postwachstumsökonomie sind andere als die heutigen. Zunächst sind ehrliche Preise erforderlich. Auf Märkte wird kaum verzichtet werden können. Aber damit bessere Kaufentscheidungen getroffen werden können als heute, wird es unumgänglich sein, für ehrliche Preise zu sorgen. Konkret: Für jedes Produkt müssten die

---

16 Das BIP ist, grob vereinfacht, der Geldwert der gesamten Wirtschaftsleistung. Die in einem Land produzierten Güter und erbrachten Dienstleistungen gehen darin ein.

Kosten für die Herstellung, für den Transport und für die Entsorgung angegeben werden. Das wäre zweifellos mit einem erheblichen Aufwand verbunden, aber anders ist weder eine ökologische noch eine soziale Kostenwahrheit zu haben.

Anderer Ansatzpunkt: die geplante Obsoleszenz. Damit ist der bewusste Einbau von Schwachstellen in Produkten gemeint, damit diese schneller kaputtgehen. In der heutigen Wirtschaft ist das leider eine gängige Praxis. Wäre es nicht sinnvoll, die geplante Obsoleszenz zu verbieten?

Wenn nicht so viele Produkte vorzeitig kaputtgingen, dann würde bei deutschen Konsumenten etwa 100 Mrd. Euro Kaufkraft frei. Wenn die Verbraucher weniger Geld für gezielt vorzeitig kaputtgehende Glühbirnen, Drucker, Fernsehapparate, Bügeleisen, Rasierer, elektrische Zahnbürsten, Schuhe oder Hosen ausgeben müssten, würde mehr Geld übrig bleiben, das für andere sinnvolle Dinge oder Tätigkeiten ausgegeben werden könnte.[17] Denkbar wäre es natürlich auch, dass dieses Geld gar nicht ausgegeben würde. Menschen könnten weniger arbeiten.

Produkte sind künftig so zu gestalten, dass sie länger halten und mit einem vertretbaren Aufwand repariert werden können. Wo es gelingt, die Nutzungsdauer durch Instandhaltung und Reparatur zu verdoppeln, könnte die Produktion neuer Güter entsprechend halbiert werden.

Absehbar ist auch, dass Second-Hand-Produkte in Zukunft wesentlich wichtiger werden, vielleicht werden sie künftig gar zur Norm. Viele gebrauchte Güter wie beispielsweise gebrauchte Möbel sind kaum schlechter als neue Waren, aber deutlich preiswerter.

---

17 Vgl. o. V.: »Verzicht auf Unnötiges erhöht den Lebensstandard« – Interview mit Christian Kreiß, S. 30, in: ÖkologiePolitik. Das ÖDP-Journal, Nr. 158, Mai 2013, S. 28–32.

Geld (und indirekt auch Arbeitszeit) spart auch die Selbstversorgung. Sie ist ein weiterer Baustein einer anderen Ökonomie. Man spricht in der Wissenschaft von Subsistenz. Ihr Ziel ist es, dass sich möglichst viele Menschen zumindest teilweise selbst versorgen können. Es geht darum, mehr Güter selbst herzustellen. Überall dort, wo es möglich ist, sollten Kleinstgärten entstehen. Wer auf seinem Balkon sein eigenes Gemüse zieht, spart nicht nur Geld, sondern ist auch weniger abhängig vom Supermarkt. Wie wichtig das sein kann, hat die Coronakrise gezeigt. Dazu ermöglicht der eigene kleine Garten auch interessante Lernerfahrungen.

Interessengegensätze überwinden

Der gesamte, gerade sehr grob umrissene Prozess ist nur unter spezifischen Bedingungen möglich: Nichtwachstum funktioniert nur in einer Nichtwachstumsgesellschaft, also im Rahmen eines Systems mit einer anderen Logik.

Zu einer anderen Logik gehört auch, Interessengegensätze zu überwinden. Nach dem bewährten altrömischen Prinzip »Spalte und herrsche« werden heutzutage gerne gesellschaftliche Gruppen gegeneinander ausgespielt.

Was hat Priorität? Die ökologische Krise oder die wirtschaftlich-soziale? Fragt man Gewerkschafter, erhält man eine klare Antwort. Auch ökologisch Bewegte werden eindeutig antworten: Wenn die Gefahr besteht, dass die Titanic den Eisberg rammt und absäuft, ist es zwar bedauerlich, wenn es den armen Passagieren in den billigen Kojen im Bauch des Schiffes nicht so gut geht, aber Priorität sollte die Verhinderung der Havarie sein. Also alles klar? Nein, überhaupt nicht. Der scheinbare Zielkonflikt zwischen Umweltschutz/Nachhaltigkeit auf der einen Seite und Gleichheit/Gerechtigkeit auf der anderen ist gar keiner.

Wenn wir es nicht schaffen, die sozialen Ungleichheiten zu vermindern, werden wir bei der Lösung der ökologischen Krise sicher scheitern.

Dies aus mehreren Gründen. Einerseits, weil Ungleichheit ein zentraler Wachstumstreiber ist. Sie befeuert den ständigen Vergleich und den Wunsch nach sozialem Aufstieg.[18]

Und andererseits, weil der ökologische Umbau den unteren Klassen der Gesellschaft am meisten Opfer abverlangen wird. Wer das Ende des Monats fürchtet, hat keine Zeit, sich um das Ende der Welt zu sorgen. Wer wird z. B. am meisten unter der Steigerung der Energiepreise zu leiden haben? Logisch: Es sind diejenigen, die am wenigsten haben. Sollte der Liter Benzin einmal drei Euro kosten, dann wird das die Wohlhabenden nicht sehr schwer treffen. Anders sieht es bei den Armen aus. Sie sind es, die ihre Jobs und ihre Einkommen verlieren. Das wird sie rebellieren lassen, und dieser Umstand wird Populisten, die einfache Lösungen anbieten, in die Hände spielen.[19] Zumindest dann, wenn diesen Verlierern der Transformation keine neuen Perspektiven eröffnet werden.

Sehen wir uns um: Kräfte aus dem politisch rechten Spektrum haben derzeit Oberwasser. Sie konstruieren einen äußeren Gegner, vorzugsweise in der Figur des »Fremden« oder des »Flüchtlings«. Sie wollen unser imperiales Wohlstandsmodell dadurch absichern, dass Grenzen dichtgemacht und Menschen ausgeschlossen werden. Abschottung und neue Grenzen sind aber nicht das, was wir brauchen, um die zukünftigen Herausforderungen meistern zu können.

---

18 Vgl. dazu auch Muraca, Barbara: Gut leben. Eine Gesellschaft jenseits des Wachstums, Berlin 2014, S. 80.

19 Vgl. Gadrey, Jean: Adieu à la croissance. Bien vivre dans un monde solidaire, 2. Auflage, Paris 2012, S. 129–132.

Die repräsentative Demokratie, die nicht nur auf Wahlen, sondern auch auf Gewaltenteilung, Bürger- und Menschenrechten sowie auf Rechtsstaatlichkeit fußt, steht für das Versprechen von Fortschritt und Wohlstand. Sie wurde in den letzten Jahrzehnten schleichend beschnitten und ausgehöhlt.[20] Der Druck auf die Demokratie wird absehbar weiter steigen. Ich gebe gerne zu, dass ich vor dem Hintergrund dieser Herausforderungen auch nicht angstfrei bin.

Es gibt auf dem Weg zu einer nachhaltigen Gesellschaft zahlreiche weitere Fallen. Eine wäre, dass wir die notwendige wachstumskritische öffentliche Debatte falsch führen. Viele Wachstumskritiker haben leider einen unscharfen und nur wenig analytischen Kapitalismusbegriff. Der Kapitalismus ist eine perfekte »Externalisierungmaschine«. Er bürdet anderen Kosten und Schäden auf – Menschen, Tieren, künftigen Generationen. Nachhaltigkeit wird damit unmöglich. Armut, Hunger, Naturzerstörung – das sind keine Krisen des Kapitalismus, sondern eine logische Begleiterscheinung. Salopp formuliert: Weltrettung ist nicht profitabel. Es geht darum, aus Geld mehr Geld zu machen. Und der Raubbau an der Natur oder die Entlassung von tausenden Arbeitskräften sind Mittel, um dieses Ziel zu erreichen. Ursachen und Symptome sollte man also nicht verwechseln. Es bringt wenig, die Gier einzelner Personen oder Unternehmen zu kritisieren. Wir sollten besser in Strukturen denken.

---

20 Zu denken ist dabei u. a. an die zunehmende Überwachung und an die verschärften Sicherheitsgesetze durch den »Krieg gegen den Terror«.

3. Weniger Güter, mehr soziale Beziehungen

Vor allem eine Frage dürfte vielen unter den Nägeln brennen: Was kann der Einzelne tun?

Durchaus einiges. Schon vor vielen Jahrzehnten hat der Philosoph Hans Jonas eine Richtung vorgegeben und den kategorischen Imperativ von Immanuel Kant abgewandelt: »Handle so, daß die Wirkungen deiner Handlung verträglich sind mit der Permanenz echten menschlichen Lebens auf Erden.«[21]

Allerdings: Die Fokussierung auf individuelle Verhaltensänderungen birgt eine Gefahr. Indem man sich nur auf den Einzelnen konzentriert, wird die Last der Verantwortung auf das isolierte Handeln der Menschen verlagert – was gesamtgesellschaftlich zu tun ist, bleibt unausgeleuchtet. Die grundlegenden Prinzipien unserer Wirtschaft und Gesellschaft (Wachstum, Gewinnstreben und Wettbewerb) kann der Einzelne nicht ändern.

Aber natürlich ist es hilfreich und notwendig, dass Menschen über ihr Verhalten nachdenken und es ändern. Jeder Mensch hat Handlungsspielräume. Jeder Einzelne ist aus einer historischen Langfristperspektive mächtig. Mächtig in dem Sinne, dass wir heute Dinge tun können, die alle vor uns lebenden Generationen nicht tun konnten. Die Folgen unserer Handlungen reichen weit über unser Lebensende hinaus. Wir beeinflus-

---

21 Jonas, Hans: Das Prinzip Verantwortung: Versuch einer Ethik für die technologische Zivilisation, Frankfurt am Main 1984, S. 36.

sen heute die Lebenschancen von vielen nachgeborenen Generationen. Das konnte vor 500, 1.000, 10.000 oder 40.000 Jahren niemand. Möglicherweise werden auch künftige Generationen für eine lange Zeit nicht mehr so viele Einflussmöglichkeiten haben.

Daher zählt jeder einzelne Beitrag. Doppelt, dreifach, zehnfach. Umgekehrt gilt: Nichthandeln ist auch eine Entscheidung. Für unser Nichthandeln sind wir genauso verantwortlich wie für unsere Handlungen.

Jeder Leser sollte sich auf die Zukunft vorbereiten und versuchen, seine Fallhöhe zu verringern. Jeder kann zahllose Dinge tun, um an Widerstandsfähigkeit gegenüber den kommenden Herausforderungen zu gewinnen.

Es ist sinnvoll, sich auf ein einfaches Leben einzurichten und sich mit dem zu beschäftigen, was man in Frankreich *simplicité volontaire* (freiwillige Einfachheit) nennt.

Simplicité volontaire kann mit Wilhelm von Humboldt erklärt werden: Es geht darum, »so viel Leben wie möglich in sich aufzunehmen«. Und das in möglichst größter Übereinstimmung mit dem Grundsatz »so wenig Naturausbeutung und Menschenausbeutung wie irgendwie möglich«. Freiwillige Einfachheit bedeutet Bescheidenheit in vielerlei Hinsicht.

Freiwillig einfach zu leben, bedeutet, genügsam zu leben. Oft spricht man auch von der schon erwähnten »Suffizienz« oder von einer »suffizienten Lebensweise«. Freiwillige Einfachheit kann mit Konsumverweigerung, dem fast ausschließlichen Kaufen von Gebrauchtwaren oder mit der Entscheidung einhergehen, deutlich weniger zu arbeiten. Freiwillige Einfachheit bedeutet weniger Einkommen, weniger Güter und damit weniger materiellen Konsum. Wer weniger Konsumausgaben hat, benötigt weniger Geld, hat aber mehr Zeit zur Muße (da weniger Arbeitszeit zur Vermögensbildung aufgewendet werden muss). Freiwillige Einfachheit vermindert das Lebenstempo – sie wirkt entschleunigend. Schließlich: Wer weniger benötigt, ist weniger abhängig und damit weniger angreifbar.[22] Auch dadurch kann sich ein Freiheitsgewinn ergeben.

Verzicht reflektieren

Ja, das Wort »weniger« kam nun auffallend oft vor. Die Rede vom »Weniger« macht uns Angst – wer will schon den Verzicht? Wir sollten diesen Begriff kurz reflektieren. Drei ganz unterschiedliche Gedanken dazu …

Erstens: Wenn man von Verzicht redet, sitzt man sehr schnell in der Falle. Der Begriff ist eindeutig negativ besetzt. Der Status quo erscheint urplötzlich als Idealsituation. Jede Veränderung sieht wie ein Verlust aus. Der bekannteste deutsche Wachstumskritiker Niko Paech geht diesen Aspekt übrigens offensiv an: Selbstbegrenzung ist für ihn kein Verzicht, sondern Lebenskunst, »eine Klugheit, eine Coolness, eine Gelassenheit im Genuss.«[23] So kann man die Sache auch sehen.

Zweitens: Ich kann nur auf etwas verzichten, das mir berechtigterweise zusteht.[24] Der materielle Wohlstand, den die westliche Welt genießt, ist aber auf eine zweifelhafte Weise zu-

---

22 Vgl. Paech, Niko: Suffizienz und Subsistenz: Therapievorschläge zur Überwindung der Wachstumsdiktatur, S. 42, in: Konzeptwerk Neue Ökonomie (Hg.): Zeitwohlstand. Wie wir anders arbeiten, nachhaltig wirtschaften und besser leben, München 2014, S. 41–49.

23 Zitiert nach: Kösters, Judith: Vorwärts im Rückwärtsgang – eine Welt ohne Wachstum?, S. 200, in: Kösters, Judith/Ließmann, Heike/Wellmann, Karl-Heinz (Hg.): Welt der Wirtschaft. Neue Fragen, einfach erklärt, Schriftenreihe der Bundeszentrale für politische Bildung, Band 1718, Bonn 2016, S. 195–206.

24 Vgl. Göpel, Maja: Unser Wunsch nach mehr, unsere Angst vor weniger. Wie unser Wohlstandsmodell den Planeten ruiniert, S. 102, in: Blätter für deutsche und internationale Politik, 65. Jg., Nr. 3, 2020, S. 98–106.

stande gekommen. Es hat mit dem zu tun, was Ulrich Brand und Markus Wissen treffend als die »imperiale Lebensweise« bezeichnen.[25] Wir Menschen in den westlichen Industrieländern leben auf Kosten von Menschen in Entwicklungsländern, aber auch auf Kosten der Natur.

Drittens: Es mag seltsam anmuten, aber ich glaube, wir müssen die Frage herumdrehen. Nicht: Worauf müssen wir in Zukunft verzichten? Sondern: Worauf verzichten wir *im Moment*? Was opfern wir für das fortwährende Wachstum?

Spielen wir diese Fragen ruhig einmal durch. Wenn ich mir alte Fotos aus Dörfern und Städten anschaue, erkenne ich: Straßen und Plätze waren früher öffentlicher Lebensraum. Dort konnten Kinder gefahrlos spielen. Auf Straßen und Plätzen wurde gehandelt, geredet, gestritten, protestiert und gefeiert. Sie waren in gewisser Weise das Wohnzimmer der Menschen. Heute gehört dieser Raum den Autos. Den Verzicht auf öffentlichen Raum und das damit verbundene Sozialleben nehmen wir aber nicht als Verzicht wahr, weil wir es nicht mehr anders kennen. Die Wahrnehmung von Verzicht ist immer eine Frage der Gewohnheit.[26]

Das Streben nach Geld, Einkommen und materiellem Wohlstand ist gleichzeitig ein großer Verzicht auf Freiheit, auf die eigene wertvolle Lebenszeit. Je mehr wir uns von unserem Besitz vereinnahmen lassen, umso mehr verkümmern wir.

Wir verzichten aber noch auf viel mehr. Wir verzichten beispielsweise oftmals darauf, für wirklich erfüllende Beziehungen zu anderen Menschen Zeit zu haben. Oder Zeit zu ha-

---

25   Siehe dazu Brand, Ulrich/Wissen, Markus: Imperiale Lebensweise. Zur Ausbeutung von Mensch und Natur im globalen Kapitalismus, München 2017.

26   Dieses Beispiel stammt von dem Schweizer Journalisten Marcel Hänggi. Er schreibt nicht nur tiefschürfende Texte zum Verzicht, sondern auch zu Fortschritt und Freiheit.

ben für die schönen Dinge des Lebens. Oder dass die meisten Menschen interessante Jobs haben, in denen sie sich selbst verwirklichen können. Oder dass es den meisten Nutztieren gut geht. Oder dass nachfolgende Generationen die gleichen Lebenschancen haben wie wir. Oder oder oder … Bei Lichte betrachtet, erbringen wir schon heute eine enorme Verzichtsleistung.

Die Vorzüge der Genügsamkeit

Wer genügsam lebt, steht in materieller Hinsicht wahrscheinlich ärmer da. Aber in vielen anderen Bereichen, ich denke u. a. an Lebensqualität und Wohlbefinden, winken Verbesserungen. Die Forschung zeigt eindeutig, dass sich das Streben nach materiellen Dingen, zumindest in der reichen westlichen Welt, nicht positiv auf unser Wohlbefinden und unser Selbstwertgefühl auswirkt. Im Gegenteil: Materialismus ist sowohl Ausdruck als auch Ursache von Unsicherheit und Unzufriedenheit. Das ist so, weil er in erster Linie die extrinsische – also von außen kommende – Motivation und Rückbestätigung von Menschen anspricht. Der Preis der Dinge oder das Ausmaß der Aufmerksamkeit (Ruhm, Likes, Clicks), die ich bekomme, spiegeln dann meinen Eigenwert wider.[27]

Eine Parole der Décroissance-Bewegung aus Frankreich lautet: »Moins de biens, plus de liens« (Weniger Güter, mehr soziale Beziehungen). Klingt nicht übel – oder?

Dieser Bewegung fühle ich mich zugehörig, auch wenn ich nicht mit allem einverstanden bin und ganz ausdrücklich für viele andere Ansätze zum Umbau von Wirtschaft und Gesellschaft offenbleibe. Was in Frankreich *décroissance* genannt

27 Vgl. Göpel, Maja: a. a. O., S. 105.

wird, heißt im Englischen *degrowth*, in Italien *decrescita* und im Spanischen *decrecimiento*. In Deutschland spricht man, etwas euphemistisch, von *Postwachstum*.

Es ist eine sehr vielfältige Bewegung mit sehr verschiedenen Akteuren. Symbol der Bewegungen in Frankreich, Italien und Spanien ist die Schnecke. Sie steht für die notwendige Entschleunigung. Eine Postwachstumsgesellschaft ist ein langfristiges Ziel, eine Art Utopie. In ihr ist Wachstum nicht das übergeordnete Ziel. Eine solche Gesellschaft kann wachsen, aber sie muss es nicht zwangsläufig tun, um stabil zu sein. In der Postwachstumsgesellschaft, wie ich sie mir vorstelle, ist Solidarität der leitende Wert, ein Fixstern. In einer solchen Gesellschaft ist der Bereich der Wirtschaft wieder eingebettet. Die Wirtschaft steht im Dienst der Menschen und der Gesellschaft.

Eine Postwachstumsgesellschaft fußt auf der Grundlage des Humanismus. Der US-amerikanische Psychologe Steven Pinker definiert Humanismus als das Ziel, menschliches Wohlergehen zu maximieren, indem Leben, Gesundheit, Glück, Freiheit, Wissen, Liebe und Reichtum an Erfahrungen für alle Menschen gefördert werden sollen.[28]

Zur Wahrheit gehört auch: Ohne Verzicht, Genügsamkeit, Einfachheit, Suffizienz oder wie immer man die Dinge nennen mag, wird es nicht gehen. Es handelt sich hierbei um eine überlegte Haltung, die eine Form des Widerstands gegen das herrschende System darstellt.[29] Sowohl Nachhaltigkeit als auch Suffizienz enthalten moralische Prinzipien: Beiden geht es um Mitmenschlichkeit, um die Annahme von Verantwortung und

---

28 Vgl. Pinker, Steven: Aufklärung jetzt. Für Vernunft, Wissenschaft, Humanismus und Fortschritt. Eine Verteidigung, Frankfurt am Main 2018, S. 514.

29 Vgl. dazu auch Rabhi, Pierre: Glückliche Genügsamkeit, 2. Auflage, Berlin 2016, S. 64.

eben um Solidarität. Solidarität mit den Mitmenschen, aber auch mit zukünftigen Generationen.[30]

Neben der Suffizienz betonen die europäischen wachstumskritischen Bewegungen noch einen anderen Aspekt: den der Konvivialität. Ivan Illich hat diesen Begriff in den 1970er Jahren maßgeblich geprägt.[31] *convivere* stammt aus dem Lateinischen und heißt »zusammenleben«. Konvivialität bedeutet mehr – nämlich die »Kunst des Zusammenlebens«. Es geht darum, das Leben zu genießen und die Freude am Leben mit anderen Menschen zu teilen. Konvivial leben Menschen, so Illich, wenn sie »Anteil am Mitmenschen« nehmen.[32] Aber auch, wenn sie sich um die Natur sorgen.

Konvivialität setzt auf die Zusammenarbeit von Menschen, auch wenn diese unterschiedlich sind und konträre Meinungen vertreten. Ohne Pluralismus gibt es also keine Konvivialität.

Bloch, Fromm, Adorno

Auf individueller Ebene können uns auch Theodor Adorno, Erich Fromm und Ernst Bloch helfen – drei wichtige Denker des 20. Jahrhunderts. In Adornos *Problemen der Moralphilosophie* wird der Gedanke des Widerstands zentral gesetzt. Wer richtig leben wolle, müsse gegen das falsche Leben Widerstand leisten. Adorno führte aus, dass »das Leben selbst eben so ent-

---

30 Vgl. Stengel, Oliver: Suffizienz, S. 294, in: Woynowski, Boris et al. (Hg.): Wirtschaft ohne Wachstum?! Notwendigkeit und Ansätze einer Wachstumswende, Institut für Forstökonomie der Universität Freiburg, Reihe Arbeitsberichte des Instituts für Forstökonomie, Freiburg 2012, S. 285–297.

31 Vgl. Illich, Ivan: Selbstbegrenzung. Eine politische Kritik der Technik, Hamburg 1975.

32 Ebenda, S. 15.

stellt und verzerrt ist, dass im Grunde kein Mensch in ihm richtig zu leben, seine eigene menschliche Bestimmung zu realisieren vermag«.[33]

In seiner *Minima Moralia* findet sich Adornos berühmtes Diktum: »Es gibt kein richtiges Leben im falschen.« Wie kann man ein gutes Leben im schlechten führen? Adorno erkannte für sich selbst die Schwierigkeit, nach einem guten Leben inmitten einer Welt voller Ungerechtigkeit und Ausbeutung zu streben. Wie ist es also möglich, gut in einer Welt zu leben, die vielen Menschen ein gutes Leben strukturell unmöglich macht?

Die US-amerikanische Philosophin Judith Butler, die im Jahr 2012 in Frankfurt den Adorno-Preis erhielt, hat – wie viele schon vor ihr – darauf verwiesen, dass das »richtige Leben« ein problematisches Schlagwort ist. Viele haben das »richtige Leben« mit wirtschaftlichem Wohlergehen und Sicherheit gleichgesetzt, doch es ist, so Judith Butler, vollkommen klar, »dass Wohlstand und Sicherheit auch denen zugänglich sind, die kein richtiges Leben führen. Besonders deutlich wird dies, wenn diejenigen, die behaupten, ein gutes oder richtiges Leben zu führen, von der Arbeit anderer oder von einem Wirtschaftssystem profitieren, das auf Ungleichheit basiert.«[34]

Ich bin wie Erich Fromm kein Vertreter eines platten sozioökonomischen Materialismus. Veränderungen des individuellen Bewusstseins, seiner Wertvorstellungen und seines Charakters und entsprechende Appelle sind zwar wichtig, bringen aber allein keine neue Gesellschaft hervor. Das kann nur eine neue soziale Praxis.

---

33 Adorno, Theodor W.: Probleme der Moralphilosophie, S. 248. (Zitiert nach: Butler, Judith: Kann man ein gutes Leben im schlechten führen?, S. 106, in: Blätter für deutsche und internationale Politik, 57. Jg., Nr. 10, 2012, S. 97–108.)

34 Butler, Judith: Kann man ein gutes Leben im schlechten führen?, a. a. O., S. 98.

Praxis – wie soll das gehen? Zunächst gilt: Es bedarf keiner Bevölkerungsmehrheit, um Dinge ins Rollen zu bringen. Veränderungen kommen nur selten durch Mehrheiten zustande.

Wie die historische Forschung von Erica Chenoweth und Maria Stephan zeigt, sind für eine friedliche Massenbewegung nur rund 3,5 Prozent der Bevölkerung erforderlich, um grundlegende Veränderungsprozesse anzustoßen.[35] Wenn dieser kleine Teil der Bevölkerung grundlegend anders handelt und diese Andersartigkeit vorlebt, stiftet das andere Menschen zur Nachahmung an. Wenn jene Minderheit dazu noch laut ist und auf die Straße geht, geraten bestehende Verhältnisse leicht ins Rutschen. Selbst Diktatoren können dann auf friedliche Weise gestürzt werden. Das macht doch Mut – oder?

Was gegen Hoffnungslosigkeit und Phasen der Depression ebenfalls hilft, ist, wie Ernst Bloch mit Recht festgestellt hat, der Mut zur konkreten Utopie. Dinge ausdenken, durchdenken, Pläne schmieden, Pläne umsetzen. Davon handelt das nächste Kapitel.

---

35 Vgl. dazu Chenoweth, Erica/Stephan, Maria J.: Why Civil Resistance Works: The Strategic Logic of Nonviolent Conflict, New York City 2011.

4. Notwendige Experimente

Wir müssen in Zukunft viel experimentieren. Nur so können wir herausfinden, was funktioniert – und was nicht. Es gibt tausende Ideen. Mindestens. Zusammen ergeben sie ein buntes Mosaik des Wandels.

Schon vor Covid-19 erschien es sinnvoll, bestimmte ökonomische Tätigkeiten zu relokalisieren und deutlich kürzere Versorgungsketten zu schaffen. Die Coronakrise hat diese Erkenntnis mit Nachdruck verdeutlicht.

Regionale Parallelwährungen zum Euro können diese Prozesse fördern. Verschiedene deutsche Städte und Regionen setzen auf eigenes Regionalgeld. Jene Regionalwährungen heißen beispielsweise Friedensthaler (Osnabrück), BürgerBlüte (Kassel), Roland (Bremen), Elbtaler (Dresden) oder Chiemgauer.

Letzterer ist die bekannteste und größte Regionalwährung Deutschlands.[36] Mit dem Chiemgauer lässt sich zwischen Rosenheim und Traunstein in Bayern in rund 600 Geschäften bezahlen. Etwa 3.200 Kunden und 560 Unternehmen nutzen die Parallelwährung. Lokale Vereine, die sich der Initiative angeschlossen haben, werden finanziell gefördert, wenn mit dem Chiemgauer gezahlt wird.

Das Prinzip der Regionalwährung funktioniert meistens so: Die Regionalwährung kann im Verhältnis 1:1 gegen den Euro getauscht werden – ein Chiemgauer entspricht also einem Euro. Damit das Geld ständig zirkuliert, verliert das Regionalgeld nach

---

36 Mehr Infos unter: www.chiemgauer.info.

einer gewissen Zeit an Wert. Man spricht in diesem Zusammenhang auch von Schwundgeld.

Beim Chiemgauer sind das zwei Prozent der Geldeinheit nach einem Quartal. Innerhalb eines Jahres sind das also acht Prozent des Nennwertes. Mit einer Klebemarke auf den Geldscheinen wird dieser Wertverlust kenntlich gemacht.[37]

Deutschlands bekannteste Regionalwährung: der Chiemgauer

Geldscheine des Chiemgauer, Urheber: Christian Gelleri, Wikimedia Commons, CC BY-SA 2.0 de
Bildquelle: https://upload.wikimedia.org/wikipedia/commons/f/f2/Chiemgauer-F%C3%A4cher.jpg [Stand: 9.6.2020].

Die Erfahrungen mit dem Chiemgauer sind überwiegend positiv: Regionale Wirtschaftskreisläufe werden stimuliert. Lebensmittelläden bevorzugen beispielsweise Äpfel von lokalen Erzeu-

---

37 Vgl. Gelleri, Christian: Chiemgauer. Theorie und Praxis des Regiogeldes. Online unter: https://www.chiemgauer.info/fileadmin/user_upload/Theorie/GelleriTheorieundPraxisRegiogeld.pdf [Stand: 7.4.2020].

gern. Preise von lokalen oder regionalen Produkten sinken, während Preise von globalen Gütern tendenziell steigen.[38]

International noch bekannter als der Chiemgauer ist der WIR-Franken in der Schweiz.[39] Er ist an den Schweizer Franken eins zu eins gekoppelt und existiert seit 1934. Der WIR-Franken ist nicht als Schwundgeld konzipiert und wird von der WIR-Bank in Basel herausgegeben. Das WIR-Netzwerk zählt rund 40.000 Akteure, davon rund 30.000 Unternehmen aus allen Branchen und Landesteilen der Schweiz. Damit zeigt der WIR-Franken, dass eine Komplementärwährung durchaus auch auf nationaler Ebene dauerhaft existieren kann.

Die Erfahrungen in vielen Regionen belegen, dass Regionalgeld bestimmte Vorzüge hat. Regionales Geld hält die Kaufkraft der Bürger lokal und kann die regionale Wirtschaft fördern. Letztere wird unabhängiger von überregionalen Ereignissen und damit widerstandsfähiger. Kleine und mittelständische Unternehmen profitieren. Eine stärker auf den Nahbereich ausgerichtete Wirtschaft verringert den überregionalen Transport und damit den Schadstoffausstoß sowie das Verkehrsaufkommen.[40] Regionalgeld ist freilich kein Allheilmittel – die tiefere Wachstumssystematik können Regionalwährungen nicht auflösen. Ein Nachteil von Regionalwährungen sind die verhältnismäßig hohen Kosten für Einführung, Verwaltung und Ausgabe. Kritisch kann auch der Schwundgeld-Aspekt von vielen Regionalwäh-

---

38 Vgl. Gelleri, Christian: Chiemgauer Regiomoney: Theory and Practice of a Local Currency, in: International Journal of Community Currency Research, Vol. 13, 2009, S. 61–75.

39 Mehr Infos unter: www.wir.ch.

40 Mehr Infos zu Regionalwährungen gibt es unter: https://monneta.org/. Interessant sind auch die Veröffentlichungen der Wissenschaftlichen Arbeitsgruppe nachhaltiges Geld, die sich unter http://geld-und-nachhaltigkeit.de/ finden.

rungen gesehen werden.[41] Schwundgeld soll den Verbrauch ankurbeln und verhindern, dass Geld gehortet wird. Das steht dem Ziel entgegen, weniger zu konsumieren.

Teilen statt besitzen

Ein anderer Mosaikstein des Wandels ist die »Sharing Economy«[42]. Immer mehr Menschen kaufen sich keine Neuprodukte mehr. Stattdessen setzen sie auf gebrauchte Ware oder teilen sich, was sie brauchen. Die Idee des Teilens ist nicht neu – man denke beispielsweise an öffentliche Bibliotheken oder an Nachbarschaftshilfe beim Hausbau.

Die gemeinschaftliche Nutzung und Teilhabe von Gütern, egal ob Autos, Kleidung oder Werkzeuge, liegt allerdings (wieder) im Trend. Verantwortlich sind der technische Fortschritt (Internet und Smartphones) und ein Wertewandel, vor allem bei jüngeren Menschen. Ihnen ist es wichtiger, Dinge nutzen zu können, als diese Güter besitzen zu müssen.[43]

Sharing ist mit drei Kriterien verbunden: Erstens werden weniger Ressourcen verbraucht, zweitens entstehen mehr menschliche Begegnungen. Und drittens erhalten diejenigen

---

41 Vgl. dazu Rösl, Gerhard, Regionalwährungen in Deutschland – Lokale Konkurrenz für den Euro?, in: Deutsche Bundesbank (Hg.): Diskussionspapier. Reihe 1: Volkswirtschaftliche Studien, Nr. 43, 2006. Online unter: https://www.econstor.eu/bitstream/10419/19672/1/20 0643dkp.pdf [Stand: 7.4.2020].

42 Auch »Share Economy«, »Collaborative Consumption« oder »Peer-to-Peer Economy« genannt.

43 Vgl. Loske, Reinhard: Sharing Economy – Gutes Teilen, schlechtes Teilen?, S. 14, in: Humane Wirtschaft, Nr. 2, 2016, S. 14–18.

Zugang zu Waren, Arbeit oder Dienstleistungen, die diesen Zugang sonst nicht hätten.[44]

Inzwischen hat sich eine Fülle von Plattformen herausgebildet, die sich dem Teilen verschrieben haben. In Berlin ist die Plattform www.fairleihen.de ziemlich erfolgreich – hier gibt es wenig, was man nicht leihen kann.

Beim *Kleiderkreisel*[45] können getragene Klamotten getauscht oder verschenkt werden. Wer Lebensmittel übrig hat, kann diese beim *Foodsharing*[46] anderen Menschen zur Verfügung stellen. Verschwendung wird auf diese Weise eingedämmt.

Digitale Nachbarschaftsnetzwerke helfen Menschen, Kontakte in der realen Welt zu knüpfen. Wer sich zum Beispiel bei www.nebenan.de oder www.nextdoor.de registriert, lernt die Leute aus der Nachbarschaft kennen. Und kann Hilfe beim Babysitten bekommen, einen Rasenmäher ausleihen oder alte DVDs verschenken.

Es lohnt sich beim Teilen allerdings, genau hinzuschauen. Nicht alle Ansätze und Ideen der sich entwickelnden Sharing Economy dienen auch wirklich einer nachhaltigen Entwicklung. Teilweise (sehr) negativ zu betrachten sind beispielsweise der Fahrdienstleister *Uber* und der Zimmer-Vermittler *Airbnb*. *Uber* ist bekannt für Dumpingpreise und die schlechten Arbeitsverhältnisse seiner Fahrer. *Airbnb* treibt in großen Städten die Miet- und Immobilienpreise in die Höhe.[47]

---

44 Ich folge hier den Kriterien von Luise Tremel, die zur Sharing Economy forscht.

45 Online unter: www.kleiderkreisel.de.

46 Online unter: www.foodsharing.de.

47 Vermieter werden dazu motiviert, dass sie ihre Wohnungen lieber tageweise vermieten als dauerhaft an einen einzigen Mieter. Mit Tagesmieten lässt sich deutlich mehr Geld machen. Viele alteingesessene Mieter werden sogar gekündigt und müssen an den Stadtrand ziehen, wo die Mieten nicht so hoch sind.

Die Idee, nicht genutzte Räume zu teilen, ist aber an sich nicht verkehrt. Bestimmte nicht-kommerzielle Portale zeigen, dass es auch anders geht. Wer in der Fremde eine Bleibe sucht, kann sich beispielsweise auf www.fairbnb.coop umsehen.

Auch beim Carsharing gilt es zu differenzieren. Dessen Grundidee ist bestechend: Privatleute verleihen ihr Auto, wenn sie es gerade nicht brauchen, gegen eine (kleine) Gebühr an andere Privatleute.

Auf dem Feld des Autoteilens tummeln sich kommerzielle (etwa *ShareNow* oder *Flinkster*) wie nicht-kommerzielle Anbieter (beispielsweise *stadtteilauto*) mit unterschiedlichen Intentionen. Die großen kommerziellen Anbieter geben inzwischen den Ton an. Ihr Ziel: Gewinn erwirtschaften. Studien zum Carsharing zeigen ein gemischtes Bild. Carsharing kann Ressourcen einsparen. Oder zu mehr Autoverkehr führen, wenn Menschen, die bisher das Fahrrad oder die Bahn genutzt haben, nun ins gemietete Auto steigen.[48]

Sharing ist nicht automatisch ökologisch, aber das Potenzial des Teilens ist groß. Wer Gebrauchsgegenstände wie die Bohrmaschine, den Hochdruckreiniger oder den Grill mit anderen Personen teilt, der spart nicht nur Geld, sondern der trägt auch dazu bei, Industrieproduktion durch soziale Beziehungen zu ersetzen. Doppelte Nutzung bedeutet halbierter Bedarf.[49]

Verschiedene Studien merken kritisch an, dass das erhebliche ökologische Potenzial der Sharing Economy noch nicht

---

48 Vgl. Lange, Steffen/Santarius, Tilman: Smarte grüne Welt? Digitalisierung zwischen Überwachung, Konsum und Nachhaltigkeit, München 2019, S. 72.

49 Vgl. Paech, Niko: Ökologischer Vandalismus. Die Chancen einer Postwachstumsökonomie, in: BLZ. Zeitschrift der Gewerkschaft Erziehung und Wissenschaft Bremen, Ausgabe Nr. 6, Nov./Dez. 2019, S. 2.

ausgeschöpft werde.[50] Diesen Schatz gelte es zu heben. Notwendig dazu seien allerdings starke staatliche Regulierungen, die bisher fehlten.[51]

Solidarische Ökonomie und Genossenschaften

Ein weiteres interessantes Experimentierfeld ist die Solidarische Ökonomie. Solidarische Ökonomie kann als wirtschaftliche Selbsthilfe verstanden werden. In ihrem Mittelpunkt steht die Losung »People before profits«. Menschen stehen im Vordergrund, nicht die Gewinne. Solidarische Ökonomien folgen anderen Logiken als der Gewinnmaximierung. Sie können das Leben von Menschen verbessern und sind gleichzeitig auch Lernfelder für eine andere Ökonomie.

Ein zentrales Element einer Solidarischen Ökonomie sind Genossenschaften. Viele Vordenker einer anderen Wirtschaft sehen eine *Mixed Economy* am Horizont, die etwas andere Eigentumsstrukturen als die heutige Wirtschaft hat. Die Basis be-

---

50 So etwa Ludmann, Sabrina: Ökologie des Teilens. Bilanzierung der Umweltwirkungen des Peer-to-Peer Sharing, Institut für ökologische Wirtschaftsforschung, Heidelberg 2018. Online unter: https://www.peer-sharing.de/data/peersharing/user_upload/Dateien/Oekologie_des_Teilens_Arbeitspapier_8_.pdf [Stand: 12.4.2020].

51 Zwei Ideen dazu von tausend möglichen: Der Gesetzgeber sollte Sharing-Plattformen beispielsweise dazu verpflichten, transparent machen, ob ein von ihnen vermittelter Anbieter privat oder gewerblich agiert, so wie etwa bei eBay zwischen privaten und gewerblichen Verkäufen unterschieden wird. Bei Wohnungsvermietungen sollte die Anzahl der Tage, an denen Privatwohnungen vermietet werden dürfen, begrenzt werden, wobei die Obergrenze von 90 Tagen pro Jahr, für die sich die Stadt San Francisco entschieden hat, zu hoch liegt. Gleichzeitig ist die Vermittlungsgebühr von Unternehmen wie Airbnb durch geeignete Maßnahmen zu deckeln. Vgl. dazu auch Loske, Reinhard: a. a. O., S. 18.

stünde aus privatem, staatlich/öffentlichem und genossenschaftlichem Eigentum.[52]

Das Genossenschaftsmodell hat das Potenzial, die Gesellschaft zum Positiven zu verändern. Die Wirtschaft wird heute dominiert von Aktiengesellschaften. Gerade die großen, an der Börse notierten Aktiengesellschaften schielen auf Gewinnmaximierung und möglichst hohe kurzfristige Dividenden für die Aktionäre. Sie sind wichtige Treiber eines schrankenlosen Wachstumsdrangs.[53]

Genossenschaften können diesen Wachstumsdrang mildern. Ihr Kapital wird nicht an der Börse gehandelt. Genossenschaften sind Solidargemeinschaften. Sie können sich andere Ziele setzen als Profitmaximierung. Sie können ökologische oder soziale Ziele verfolgen.[54]

Konkret: Eine Fabrik, die den Beschäftigten gehört, kann anders agieren als ein Unternehmen, das ständig unter der Beobachtung der Finanzmärkte steht und dem Druck ausgesetzt ist, die Gewinne zu maximieren.

Beispiel Energiegenossenschaften: Bürger schließen sich zusammen, um selbst ein Windrad oder einen kleinen Solarpark zu errichten. Damit greifen sie etablierte Machtstrukturen an. Wenn Menschen dafür kämpfen, ihre Stromversorgung den fossilen Riesen zu entreißen und sie in eine Genossenschaft zu überführen, die mit regionalen erneuerbaren Energien arbeitet, dann ist das nicht nur ein Beitrag zum Ausstieg aus Atomkraft, Kohle und Öl, sondern auch eine Selbstermächtigung der Bür-

---

52 Vgl. Urban, Hans-Jürgen: Wirtschaftsdemokratie als Transformationshebel, S. 111, in: Blätter für deutsche und internationale Politik, 64. Jg., Nr. 11, 2019, S. 105–114.

53 Vgl. Binswanger, Mathias: Der Wachstumszwang, a. a. O., S. 260–261.

54 Vgl. ebenda, S. 263–264.

ger, ein Akt echter Demokratie.[55] Dies gilt umso mehr, als dass in vielen Energiegenossenschaften basisdemokratisch entschieden wird. Sie sind kleine Demokratielabore.

Energiegenossenschaften stehen für den Ausstieg aus der Logik endloser Geldvermehrung. Bei ihnen thront die finanzielle Rendite nicht über allen anderen Zielen – ökologische und soziale Aspekte spielen mindestens eine ebenso große Rolle.

Inzwischen sind mehr als zehn Prozent der Stromversorgung aus erneuerbaren Energien in der Hand von Energiegenossenschaften. Ein Beispiel: Die »Stromrebellen« aus Schönau sind die wahrscheinlich bekannteste Bürger-Energiegenossenschaft Deutschlands. Im beschaulichen Schwarzwaldstädtchen Schönau war es irgendwann vorbei mit der Ruhe. Mit einem Paukenschlag übernahmen die Bürger das örtliche Stromnetz.[56] Sie gründeten die *Elektrizitätswerke Schönau* (EWS Schönau). Im Jahr 2019 zählten die Energiewerke 8277 Genossenschaftsmitglieder. Die EWS Schönau ist damit die größte Energiegenossenschaft in Baden-Württemberg.[57]

Beim Deutschen Genossenschafts- und Raiffeisenverband e. V. sind heute (Stand: März 2020) insgesamt 869 organisierte Energiegenossenschaften registriert. Rund 183.000 Menschen engagieren sich in genossenschaftlichen Projekten für regenerative Energien, von der Energieproduktion und -versorgung über den (Wärme-)Netzbetrieb bis hin zur Vermarktung.[58]

---

55 Vgl. Wernicke, Jens: Die globale Ordnung zerbricht – ein Gespräch mit Fabian Scheidler, S. 11, in: Brennstoff, Nr. 41, August 2015, S. 7–11.
56 Vgl. I.L.A. Kollektiv: Das Gute Leben für Alle, a. a. O., S. 57.
57 Mehr Infos unter: https://www.ews-schoenau.de/ [Stand: 4.3.2020].
58 Mehr Infos unter: https://www.dgrv.de/de/dienstleistungen/energie genossenschaften.html [Stand: 4.3.2020].

Anders wohnen

Gesellschaftliche Verhältnisse können Genossenschaften auch im Bereich des Wohnens verändern. Wohnen wird besonders in großen Städten immer teurer. Maximal ein Drittel des Einkommens sollte eigentlich für die Miete ausgegeben werden. In Ballungsräumen wie München oder Hamburg ist das für viele Mieter ein Traum – dort fließen oft deutlich mehr als 30 Prozent des Einkommens in die Miete. Trotz der vielerorts hohen Mieten steigen in vielen Staaten die durchschnittlichen Wohnflächen pro Person. Ein Grund sind immer mehr Singlehaushalte, ein anderer ist der Trend zum Einfamilienhaus. Die Wohnfläche pro Person beträgt inzwischen im Schnitt 45 Quadratmeter, dreimal so viel wie noch in den 1950er Jahren. Wohnen verbraucht immer weniger Energie, aber die steigende Pro-Kopf-Wohnfläche frisst viel von der Einsparung wieder auf.

Noch mehr Zahlen: In den letzten 20 Jahren ist die Zahl der Wohnungen in Deutschland von 35 auf 41 Millionen gestiegen, obwohl die Zahl der Einwohner mit jetzt 83 Millionen nur gering gewachsen ist.

Aus der Perspektive echter Nachhaltigkeit kann nicht jeder ein alleinstehendes Einfamilienhaus mit großem Garten besitzen. Für die zunehmenden Wohnflächen und die steigende Häuserzahl werden Böden versiegelt, Straßen und Parkplätze gebaut. Allein in Deutschland beläuft sich die Versiegelung auf 60 Hektar Land pro Tag![59] Zudem werden enorme Mengen an Material und Energie für neue Bauten aufgewendet.[60]

Aus einer Suffizienzperspektive wäre es unbedingt geboten, den Neubauboom einzuhegen und bestehende Gebäude besser

---

59 Vgl. Fuhrhop, Daniel: Verbietet das Bauen! Streitschrift gegen Spekulation, Abriss und Flächenfraß, 2. Auflage, München 2020, S. 17.
60 Vgl. I.L.A. Kollektiv: Das Gute Leben für Alle, a. a. O., S. 44–45.

zu nutzen. Ein Siedlungslimit oder ein Flächenmoratorium könnte dabei helfen.

Aber verbrauchen Neubauten nicht sehr viel weniger Energie? Zweifellos. Aber meist nimmt man nur die Betriebsenergie für das Heizen und den Strom in den Blick, bei der Neubauten tatsächlich wesentlich günstiger abschneiden. Doch für eine ganzheitliche Energiebilanz sollte in Betracht gezogen werden, wie viel Energie das Bauen selbst erfordert: Da steht ein Altbau oft besser da wegen der in seinen Mauern gespeicherten grauen Energie.[61] Ökologisch schaden beim Neubau bereits die Baustoffe: Allein die Zementindustrie verursacht etwa acht Prozent der weltweiten Treibhausgas-Emissionen. Obendrein wird der Sand knapp und für Kies werden ganze Wälder abgeholzt. Besseres Bauen löst diese Probleme nicht: Man kann zwar ökologischere Baustoffe wie Holz verwenden, das CO_2 speichert, und bereits versiegelte Flächen in den Städten weiternutzen. Aber das Bauen selbst verbraucht auf jeden Fall Energie, um Glas und Stahl herzustellen, die Baustoffe zur Baustelle zu bringen und das Haus zu bauen.

Obendrein fällt zusätzliche Energie für Mobilität an, wenn ein Neubau vor den Toren der Stadt entsteht und weite Wege gefahren werden oder wenn zusätzliche Parkplätze gebaut werden. In der Schweiz ist es bereits üblich, alle drei Stufen zu bilanzieren, also Erstellungs-, Betriebs- und Mobilitätsenergie.[62]

Im ungünstigen Fall kann die graue Energie für die Gebäudeerrichtung mehr als das 100-Fache des jährlichen Heiz-

---

61 Graue Energie ist jene Energiemenge, die für Produktion, Transport, Lagerung, Verkauf und Entsorgung einer Ware erforderlich ist. Dabei werden auch alle Vorprodukte bis hin zur Rohstoffgewinnung einbezogen.

62 Vgl. Hüttmann, Matthias: Abreißen oder sanieren?, S. 16, in: Ökologisch Bauen & Renovieren, 2018, S. 16–19.

energiebedarfs eines Passivhauses betragen.[63] Die Energiebilanz von sanierten Bestandsgebäuden ist im Vergleich zum Neubau oft besser als vermutet.[64] Altbau sanieren oder neu bauen? Pauschale Urteile sind sicher nicht angebracht. Es hängt immer vom einzelnen Gebäudefall ab. Manche Altbauten sind nicht mit einem vertretbaren Aufwand zu sanieren. Die gängige Einschätzung aber, dass Neubauten immer besser sind, ist sicher zu relativieren.

Und klar sollte auch sein: Selbst vermeintliche Energiesparhäuser sparen keine Energie, sie verbrauchen nur weniger Heizenergie als andere Häuser.[65]

Ein anderer Aspekt wurde bisher noch gar nicht thematisiert: Der Leerstand von bestehenden Gebäuden ist in Deutschland immer noch relativ hoch. Wohnraum ist eigentlich genug da, aber es hakt bei der Verteilung. Manche Orte haben zu viel, andere zu wenig Wohnraum. Das gilt aber auch für die demografische Verteilung: Ältere Menschen bewohnen häufig zu große Wohnungen, junge Familien mit knappem Budget oft zu kleine.

Solidarische Wohnprojekte

Wie lässt sich der bestehende Wohnraum besser nutzen? Als Vorbild können solidarische Wohnprojekte dienen. Solche Projekte gibt es bereits tausendfach im deutschsprachigen Raum.

Beispiel Cohousing: Menschen, die nicht miteinander verwandt sind, entscheiden sich, in einer Gemeinschaft zu leben, sich Haus und Hof zu teilen.

---

63 Vgl. ebenda, S. 17.
64 Vgl. ebenda, S. 16.
65 Vgl. Fuhrhop, Daniel: a. a. O., S. 15.

Menschen, die gemeinschaftlich wohnen, erhoffen sich davon mehr, als nur die Miet- oder Baukosten zu senken, indem sie diese teilen. Sie wollen ihre Kinder gemeinsam großziehen oder zumindest unkompliziert betreuen lassen, egal ob vom Nachbarn oder in einer gemeinsam organisierten Kindergruppe. Cohousing eignet sich außerdem gut für Menschen mit einer Behinderung oder für Senioren. Außerdem bietet das gemeinsame Wohnen viel Raum für gemeinsame Projekte, etwa für einen Gemeinschaftsgarten oder für einen Gemeinschaftsladen.

Ein bundesweites Cohousing-Leuchtturmprojekt heißt *Ro70* und befindet sich in Weimar.[66] Das ehemalige Hufeland-Klinikum aus den 1930er Jahren wurde in ein generationenübergreifendes Wohnprojekt mit 76 Wohneinheiten sowie mit Gewerbe- und Gemeinschaftsräumen umgewandelt. Anfang 2020 konnte der Einzug in die ehemalige Ruine nach langen Umbauarbeiten stattfinden. Durch die Organisationsform als Genossenschaft können sich die ca. 200 Bewohner als Genossenschaftler in die Entscheidungsprozesse einbringen. Insbesondere ältere Menschen und Menschen mit besonderem Betreuungsbedarf können weiterhin am gesellschaftlichen Leben teilhaben.[67] Andere Modellprojekte im Bereich des Cohousings sind beispielsweise der *WohnMichel* in Michendorf (Brandenburg), das Wohnprojekt *staTThus* in Husum (Schleswig-Holstein) oder das *Wohnen im Quartier* in Trier.[68]

---

66 Mehr Infos dazu unter: https://www.ro70-weimar.de/.
67 Vgl. Forum Gemeinschaftliches Wohnen: Bundesmodellprogramm. Gemeinschaftlich wohnen, selbstbestimmt leben. Online unter: http://wohnprogramm.fgw-ev.de/die-modellprojekte/wohnprojekt-ro70-neues-wohnen-und-arbeiten-im-alten-klinikum-weimar/ [Stand: 3.3.2020].
68 Ein Überblick zu allen Modellprojekten findet sich unter: http://wohnprogramm.fgw-ev.de/die-modellprojekte/ [Stand: 3.3.2020].

Bei Cohousing-Projekten kann der Ressourcenverbrauch erheblich sinken. Garten- und Außenflächen werden kollektiv genutzt. Geräte und Haushaltsgegenstände werden oft geteilt. Gemeinschaftliches Wohnen kann auch die Wohnfläche reduzieren, wodurch weniger Energie zum Heizen benötigt wird.[69]

Wohnraum besser nutzen möchte auch die Initiative *Wohnen für Hilfe* (international spricht man von *Homesharing*). Häufig leben Senioren nach ihrem Ruhestand in großen Häusern oder Wohnungen und wollen aus verständlichen Gründen ihr Lebensumfeld nicht aufgeben. Gleichzeitig haben sie Mühe mit der Erledigung der Alltagsaufgaben und leiden nicht selten unter mangelnder gesellschaftlicher Teilhabe. Darauf zielt »Wohnen für Hilfe« ab. Meist junge hilfsbereite Menschen ziehen zu älteren, die genug Platz haben. Hierbei stehen soziales Engagement, Aufgeschlossenheit und Solidarität im Mittelpunkt. Eine reguläre Miete entfällt meistens, typischerweise sind nur die Nebenkosten zu zahlen. Als Faustregel gilt: Pro Quadratmeter Wohnraum eine Stunde Hilfe pro Monat. Pflegedienstleistungen sind dabei ausgeschlossen, ansonsten ist alles denkbar, worauf sich die beiden Wohnpartner einigen: Einkäufe machen, Haus hüten, Wäsche waschen und bügeln, Tierpflege, Gartenarbeiten und vieles mehr. Prinzipiell ist Wohnen für Hilfe in jeder Wohnung und jedem Haus möglich, sofern wenigstens ein Zimmer für einen Wohnpartner frei ist. Das kann sowohl ein Zimmer in der eigenen Wohnung sein als auch ein separater Wohnbereich mit eigenem Badezimmer. Auch selbständige Apartments sind möglich. In Deutschland

---

69 Vgl. I.L.A. Kollektiv: Das Gute Leben für Alle, a. a. O., S. 47 und S. 59.

gibt es ähnliche Projekte in einer ganzen Reihe von Städten. Ihre Anzahl steigt von Jahr zu Jahr an.[70]

Entwicklungen wie diese sollten uns Mut machen. Bei all den vielen schlechten Nachrichten, die uns jeden Tag erreichen, sollten wir nicht vergessen, dass es auch zahlreiche positive Trends gibt. Das verstärkte Teilen gehört dazu.

---

70 Mehr Infos gibt es unter http://www.wohnen-fuer-hilfe.de/wohnen-fuer-hilfe/ und unter https://www.nachbarschaftspreis.de/de/Wohnen-fuer-Hilfe/.

5. Für einen neuen Umgang mit der Zeit

Wir alle kennen die Aufrufe zum Wandel. Sie ertönen in schöner Regelmäßigkeit. So wie eine Platte mit einem Sprung. Jene Appelle tragen deshalb so wenige Früchte, weil sie allzu oft von Gruselgeschichten begleitet werden, die niemand hören will. Darauf hat mit Recht der Sozialpsychologe Harald Welzer immer wieder hingewiesen. Wenn die Zukunft so furchtbar wird, schalten die Leute ab und sagen: »Lieber das Jetzt in vollen Zügen genießen.«

Ich muss gestehen, dass ich diese Einsicht in der Vergangenheit nur unzureichend beherzigt habe. Ich habe mich in den letzten 15 Jahren intensiv mit zahlreichen Fördergipfeln, sogenannten »Peaks«, befasst – beim Erdöl, bei der Kohle, beim Uran, beim Erdgas. Ohne diese Energierohstoffe sieht es düster aus. Aber diese an sich traurige Perspektive eröffnet auch den Blick für das, was noch nicht auf dem »Peak«, also auf dem Gipfel, ist. Steigerungsfähig und wachstumsbedürftig erscheinen mir:

- Gemeinschaft
- Persönliche Autonomie
- Zusammenarbeit
- Solidarität
- Zufriedenstellende, glücklich machende Arbeit
- Glück
- Freizeit
- Künstlerisches Schaffen
- Schönheit der Umwelt (mancherorts)

Das sind eine ganze Menge Dinge![71] Eine ganze Menge von immens wichtigen Dingen! Diese Perspektive eröffnet zahlreiche Chancen. Wir müssen positive Geschichten erzählen – von einem besseren Morgen. Das macht Mut, sich aufzuraffen und genau daran zu arbeiten.

Entscheidende Fragen

Naheliegend in diesem Zusammenhang sind zwei Fragen: Was ist wirklich wichtig im Leben? Was ist das *gute Leben*?

Aus diesen Fragen ergeben sich weitere: Bedeutet *mehr zu haben* auch immer, *gut zu leben*? Bedeutet mehr Wohlstand, immer mehr Waren anzuhäufen? Heißt Wohlstand nicht vielmehr frei verfügbare Zeit, soziale Beziehungen, persönliche Entwicklungsmöglichkeiten?

Wir haben gesamtgesellschaftlich aufgehört, darüber nachzudenken und zu diskutieren.

Irgendwann in den 1990er Jahren entwickelten sich Politiker zu Managern. Zu Menschen, die stark darauf fokussiert waren (und sind!), den Status quo zu bewahren. Aber ohne Kompass, ohne große Zukunftsvision. Niemand erzählte mehr eine gleichzeitig einfache, kraftvolle und bisweilen auch romantische Geschichte, wohin sich die Gesellschaft langfristig entwickeln werde. Kurzum: Es fehlt an Fantasie. Imagination ist aber enorm wichtig, wenn es darum geht, die Welt von morgen zu formen. »Fantasie«, so wusste Albert Einstein, »ist alles. Sie ist die Vorschau auf die künftigen Attraktionen des Lebens.«

---

71 In Anlehnung an Heinberg, Richard: Jenseits des Scheitelpunkts, Waltrop/Leipzig 2012, S. 40–41.

Todesanzeigen studieren

Es existiert heute eine unausgesprochene Vereinbarung: Das gute Leben ist Privatsache! Dennoch haben wir alle eine mehr oder weniger klare Vorstellung, wie ein gutes Leben aussehen müsste. Aufschlussreich sind Todesanzeigen. Da steht dann: »Er war ein liebenswürdiger Mensch.« Oder: »Sie war eine gute Mutter.« Und nicht: »Sie hatte eine große Villa und liebte sündhaft teure Designer-Handtaschen von Prada.« Und auch nicht: »Er verdiente viel Geld und fuhr einen fetten Mercedes-Geländewagen.«

Wer liebt und geliebt wird, wer Achtung von anderen Menschen erfährt, wer einer sinnvollen Arbeit nachgeht – der lebt gut.[72] Gutes Leben bedeutet Leben mit Sinn und auch die Möglichkeit, die eigenen Fähigkeiten entfalten zu können.

Resonanz und die Erfahrung der Selbstwirksamkeit

Viele von uns sind ständig gehetzt – so verliert sich schnell jeder Sinn und jede Möglichkeit der Selbstentfaltung. Eine Entschleunigung in vielen Bereichen tut not. Allerdings muss nicht alles entschleunigt werden. Langsameres Internet will niemand. Auch keinen schleichenden Notarztwagen oder eine träge Achterbahn. Die Antwort auf die Beschleunigung unserer Gesellschaft heißt also nicht pauschal Langsamkeit. Viel eher lautet sie Resonanz.

---

72 Vgl. Jackson, Tim: Wohlstand ohne Wachstum. Leben und Wirtschaften in einer endlichen Welt, Schriftenreihe der Bundeszentrale für politische Bildung, Band 1280, Bonn 2012, S. 47.

Resonanz bezeichnet in der Physik und in der Musik das Mitschwingen. Es geht um die gegenseitige Beeinflussung zweier Körper durch ihre Schwingungen.

Der Soziologe Hartmut Rosa hat vor einigen Jahren eine bahnbrechende Resonanztheorie veröffentlicht. Rosa fragte: Was macht ein gelingendes Leben aus? Seine Antwort: Resonanz. Ein gutes Leben ermöglicht es Menschen, in Resonanz zueinander zu treten.

Resonanz bedeutet für Rosa »eine Form der Weltbeziehung, in der sich Selbst und Welt gegenseitig berühren und zugleich transformieren«.[73] Weniger wissenschaftlich formulierte Rosa das Wesen der Resonanz in einem Interview wie folgt: »Ich habe das Gefühl, was ich tue, beeinflusst die Welt, und gleichzeitig bemerke ich, dass ich beeinflusst, berührt werde mit dem, was der andere sagt.«[74]

Resonanz ist kein Zustand, der ständig vorherrschen kann, sondern die Erfahrung einer auf uns antwortenden Welt. Es geht um die Erfahrung des Berührtwerdens. Diese Erfahrung kann beispielsweise in der Musik, beim Lesen, beim Arbeiten oder in sozialen Beziehungen gemacht werden. Allerdings ist das Berührtwerden nur die eine Seite. Die andere Seite besteht in einer Antwort. Diese Antwort stellt sich nicht automatisch ein – sie *kann* sich einstellen.

Resonanz ist also nicht zu verwechseln mit Echo. Resonanz ist auch nicht Harmonie, sondern eine bestimmte Art des Bezogen-Seins, ein Hören und ein Antworten.

---

73 Rosa, Hartmut: Resonanz. Eine Soziologie der Weltbeziehung, Frankfurt am Main 2016, S. 298.

74 Zitiert nach: Sapper, Michael/Kaspar, Thomas: Soziologe: Darum haben Trump und die AfD so viel Erfolg. Online unter: https://www.merkur.de/politik/interview-prof-dr-hartmut-rosa-ueber-resonanz-wirksamkeit-afd-donald-trump-und-populismus-zr-7313606.html [Stand: 27.2.2020].

Wer wirksam ist, erlebt Resonanz. Menschen tun etwas. Sie engagieren sich und stellen etwas auf die Beine. Eine Antwort erfolgt zwar nicht unter Garantie, aber doch häufig. Das kann in der Form von Anerkennung sein oder aber in der Form von erhofften Ergebnissen. Die Erfahrung der Selbstwirksamkeit ist für gesellschaftliche Veränderungsprozesse ausgesprochen wichtig. Menschen, die andere Wege beschreiten, spüren oft sehr schnell, dass die Veränderung mehr Gewinne bringt als sie erwartet haben. Dieser Gewinn ist weniger finanzieller Art als vielmehr persönlicher und sozialer Natur. Haben Menschen erst einmal diese Erfahrung gemacht, unternehmen sie weitere Schritte.

Zeitwohlstand

Zum guten Leben gehört gewiss eine auskömmliche materielle Basis. Aber auch, dass die Menschen wieder mehr Zeit für die Zeit haben.

Zeit ist wichtig. Extrem wichtig. Womit wir unsere Zeit verbringen, bestimmt, wer wir sind und wie wir leben.

Zeit ist die knappste Ressource, über die wir verfügen. Zeit ist Geld – wer kennt diesen Spruch nicht? Trotz allen Fortschritts ist die verfügbare Zeit nicht gewachsen. Viele werden sogar sagen, dass das Gegenteil der Fall ist. Zeit ist nicht vermehrbar, sondern nach jeder Verwendung unwiederbringlich verloren. Der Tag hat nach wie vor nur 24 Stunden. Die Anzahl der Dinge und Erlebnisse, die wir uns kaufen können, ist jedoch geradezu explodiert. Wir müssen aus den vielen Optionen, die sich uns bieten, einige wenige auswählen. Gleichzeitig sitzt uns die Angst im Nacken, etwas zu versäumen, wenn wir eine falsche Kaufscheidung treffen. So entsteht leicht Konsumstress.[75]

Konsumstress: Was bei der großen Warenvielfalt auswählen?

The New Fred Meyer on Interstate on Lombard (7404 N Interstate Ave, Portland, OR 97217). Urheber: lyzadanger. Wikimedia Commons, Creative Commons Attribution-Share Alike 2.0 Generic

<u>Bildquelle</u>: https://upload.wikimedia.org/wikipedia/commons/4/49/Fred meyer_edit_1.jpg [Stand: 30.5.2020].

Zeitbombe Zeitdruck

Noch mehr Stress erleiden Menschen durch die gewachsene Arbeitsverdichtung. 87 Prozent der Menschen in Deutschland fühlen sich an ihrem Arbeitsplatz gestresst. Sechs von zehn

---

75   Vgl. Paech, Niko: Suffizienz und Subsistenz, a. a. O., S. 42.

Befragten klagen über anhaltende Erschöpfung, innere Anspannung und Rückenschmerzen.[76]

Adbusting in Brünn/Tschechien. Foto von Lukáš Malý. Wikimedia Commons.

<u>Bildquelle:</u> https://fr.wikipedia.org/wiki/Publicit%C3%A9_ext%C3%A9rieur e#/media/Fichier:Advertising_in_Brno.jpg [Stand: 11.6.2020].

---

76 Vgl. dazu pronovaBKK (Hg.): Betriebliches Gesundheitsmanagement 2018, Ergebnisse der Arbeitnehmerbefragung, Leverkusen 2018. Online unter: https://www.pronovabkk.de/media/downloads/presse _studien/studie_bgm_2018/pronovaBKK_BGM_Studie2018.pdf [Stand: 13.4.2020].

Die Folge sind psychische Krankheiten, die oft mit der pauschalen Diagnose »Burnout« versehen werden.[77] Der Anteil der Menschen in der Europäischen Union, die im Laufe eines Jahres an mindestens einer psychischen Störung erkranken, liegt bei 38 Prozent.[78] Jeder Leser dürfte spielend mehrere Fälle in seinem Freundes- und Bekanntenkreis aufzählen können.

Überhaupt: Warum arbeiten wir heute immer noch so viel wie unsere Eltern, obwohl wir mittlerweile um ein Vielfaches produktiver sind?

Es läuft also etwas gewaltig schief. Der Kapitalismus lässt sich als der Versuch verstehen, ein ökonomisches System ohne innere Motivation zu erreichen. Das erzeugt innere Leere.[79]

Die herrschende Wachstumsgesellschaft zerstört unseren Zeitwohlstand, weil sie dazu tendiert, unsere Lebenszeit zu vereinnahmen und zur Ware zu machen. Die Wachstumsgesellschaft zehrt von dem Versprechen, dass das gute Leben irgendwann kommt, wenn wir alt und gebrechlich sind. Wir müssen nur lange genug warten und bis dahin fleißig sein. Wenn man

---

77 Die pauschale Diagnose greift in den meisten Fällen zu kurz, eine Differenzierung tut not. Die meisten Burnout-Fälle entstehen nicht, weil Menschen einfach nur zu viel arbeiten, sondern weil es Menschen an Resonanzerfahrungen fehlt. Es kommt bei der Arbeit »nichts zurück«. Es mangelt an Anerkennung, Arbeiten sind nicht intrinsisch motiviert oder persönliche Beziehungen bleiben auf der Strecke. Vgl. dazu Rosa, Hartmut: Resonanz statt Entfremdung, S. 68, in: Konzeptwerk Neue Ökonomie (Hg.): Zeitwohlstand. Wie wir anders arbeiten, nachhaltig wirtschaften und besser leben, München 2014, S. 63–72.

78 Vgl. Habermann, Friederike: Die Freiheit, so zu leben, wie wir es wollen, S. 18, in: Konzeptwerk Neue Ökonomie (Hg.): Zeitwohlstand. Wie wir anders arbeiten, nachhaltig wirtschaften und besser leben, München 2014, S. 15–23.

79 Vgl. ebenda, S. 21–22.

Zeitwohlstand einfordert, fordert man deshalb immer auch eine Postwachstumsgesellschaft ein.[80]

Wenn wir wirklich selbstbestimmt leben möchten, sollten wir die Kontrolle über unsere Zeit wiedererlangen. Wir sollten eine Lebens- und Produktionsweise aufbauen, die auf innerer Motivation statt auf innerer Leere basiert.

Zeitwohlstand zu haben, bedeutet nicht Freiheit von Arbeit und auch nicht automatisch mehr Freizeit. Es heißt aber, dass die Menschen genügend Zeit haben und ihren Zeitrhythmen folgen können.[81] Zeitwohlstand schließt Zeitsouveränität mit ein und damit die Freiheit, sich Zeit für die Dinge nehmen zu können, die wir wirklich machen wollen. Zeitwohlstand verschafft uns die Möglichkeit, viele Dinge anders zu machen – und uns zu entfalten.

Zeitwohlstand besteht dann, wenn die Möglichkeit gegeben ist, sich der Muße, Kontemplation und Entschleunigung hinzugeben.[82]

Viele werden nun denken: »Zeitwohlstand ist nur ein Thema für Privilegierte!« Freischaffende Künstler haben sicher Zeitwohlstand. Aber was ist mit vielen anderen Berufsgruppen? Diese können ihre Arbeitszeit nicht einfach so ändern. Zeitwohlstand sollte jedoch nicht rein individualistisch begriffen werden. Wenn man es aber kollektiv deutet – als Begriff eines anders verstandenen Wohlstands –, dann ist dieser Wohl-

---

80 Vgl. Mau, Katharina: »Das Streben nach Geld bedeutet einen großen Verzicht auf Freiheit« – Gespräch mit Gerrit von Jorck. Online unter: https://krautreporter.de/3085-das-streben-nach-geld-bedeutet-einen-grossen-verzicht-auf-freiheit [Stand: 12.3.2020].

81 Vgl. Wehlings, Sebastian: »Die Wirtschaft verwechselt die Zeit mit der Uhr« – Interview mit dem Zeitforscher Ivo Muri, S. 40, in: Fluter, Nr. 16, 2005, S. 38–41.

82 Vgl. Birkenstock, Maren/Harnisch, Richard et al.: Zwölf Thesen zum Thema Zeitwohlstand, S. 16, in: Ökologisches Wirtschaften, Nr. 4, 2015, S. 15–16.

stand unheimlich ungerecht verteilt. Er fehlt genau bei den Menschen mit niedrigem Einkommen, etwa bei dem Paketboten, der nebenher auch noch prekär im Fast-Food-Restaurant arbeitet. Diese Menschen haben keine Planbarkeit in ihrem Leben, kaum Zeit für andere Aktivitäten.

Arbeitszeitverkürzung

Wie lässt sich Zeitwohlstand erreichen? Der Königsweg ist die Verkürzung der Wochenarbeitszeit.

Eine Arbeitszeitverkürzung ist in einer Gesellschaft mit weniger Wachstum sinnvoll: Wenn die Arbeitsproduktivität steigt und die Gesamtarbeitszeit der Erwerbsbevölkerung stagniert, dann kann Arbeitslosigkeit entstehen. Um das zu vermeiden, muss die Arbeitszeit verkürzt bzw. gleichmäßiger verteilt werden. Die sozialen Folgen von weniger Wachstum lassen sich ebenfalls durch eine Verkürzung der Arbeitszeit abfedern.

Anzustreben ist eine schrittweise Verringerung von Arbeitsstunden über mehrere Jahre, z. B. durch mehr Teilzeitarbeit, Beschränkungen für Überstunden und flexible Regeln für den Renteneintritt und eine Herabsetzung der Höchstarbeitszeit. Die Besteuerung von Arbeit kann derart verändert werden, dass die Anstellung von mehr Beschäftigten gefördert wird.[83]

Die Verkürzung der Arbeitszeit ermöglicht mehr Zeit für Sorgetätigkeiten. In einer Postwachstumsgesellschaft ist, wie schon erwähnt wurde, das Prinzip der Solidarität ein leitender Wert. Deshalb müssen Sorgetätigkeiten wie das Kochen, das

---

83 Vgl. Kirschenmann, Lena: Argumente für einen neuen Umgang mit Zeit und Wohlstand, S. 101, in: Konzeptwerk Neue Ökonomie (Hg.): Zeitwohlstand. Wie wir anders arbeiten, nachhaltig wirtschaften und besser leben, München 2014, S. 89–102.

Putzen, die Kindererziehung oder die Pflege von alten Menschen aufgewertet werden und endlich die Anerkennung bekommen, die sie verdienen.[84] Heute werden Sorgetätigkeiten selten als das wahrgenommen, was sie sind: die Grundlage unseres Wirtschaftens, das Ermöglichen und Erhalten von Leben.

Wichtig dabei: Zeitwohlstand kann sich nur einstellen, wenn die Arbeitszeit nicht nur verkürzt, sondern auch entdichtet wird. Es wäre sinnlos, Arbeitstage zu verkürzen, wenn nicht zugleich die Arbeitsmenge reduziert wird. Ansonsten nimmt der Zeitstress am Arbeitsplatz zu.[85]

Auch unter ökologischen Gesichtspunkten ist eine Arbeitszeitverkürzung sinnvoll. Die US-amerikanische Soziologin Juliet Schor belegte für die USA den Zusammenhang zwischen *overconsumption* und *overwork* – zwischen Überkonsum und Überarbeitung. Juliet Schor prägte den Begriff »Work-Spend-Cycle«. Sie diagnostizierte für die USA ein »Hamsterrad« aus gesteigerter Arbeit und Konsum. Jene Tretmühle ist auf Europa problemlos übertragbar. Wird mehr gearbeitet, erhöhen sich die Produktion und das Einkommen, aber gleichzeitig auch der Konsum und der Ressourcenverbrauch. Umgekehrt führt eine Arbeitszeitverkürzung zu weniger Produktion und Konsum, aber auch zu geringeren Umweltbelastungen.[86]

Anknüpfend an die wegweisenden Studien von Juliet Schor berechnete das *Center for Economic and Policy Research (CEPR)*, dass die Europäer, wenn sie auf die gleiche Arbeitszeit wie die US-Amerikaner kommen würden, 30 Prozent mehr

84 Vgl. I.L.A. Kollektiv (Hg.): a. a. O., S. 10 und S. 29.
85 Vgl. Rinderspacher, Jürgen P.: Zeitwohlstand – Kriterien für einen anderen Maßstab von Lebensqualität. Online unter: http://www.zeit politik.de/pdfs/rinderspacher_zeitwohlstand.pdf [Stand: 5.4.2020].
86 Vgl. dazu Schor, Juliet B.: The Overworked American: The Unexpected Decline Of Leisure, New York 1992.

Energie verbrauchen würden.[87] Jonas Nässén und Jörgen Larsson von der Universität Göteborg belegten in einer empirischen Studie, dass eine Verminderung der Arbeitszeit um ein Prozent für einen Rückgang des Energieverbrauchs um 0,8 Prozent sorgt. Im gleichen Maß würden auch die CO_2-Emissionen sinken.[88]

Eine deutliche Arbeitszeitverkürzung wäre durchaus machbar. Die Geschichte ist voll von Beispielen. Das deutschlandweit bekannteste ist Volkswagen. Der Wolfsburger Konzern sorgte 1994 im Verbund mit der IG Metall für eine radikale Absenkung der Arbeitszeit von damals 36 Stunden um satte 20 Prozent auf 28,8 Stunden.[89] Während der Coronakrise wurde fast überall die Arbeitszeit reduziert, um Arbeitslosigkeit zu verhindern. Kurzarbeit war vielerorts angesagt. Zahlreiche Betriebe stiegen auf die Vier-Tage-Woche um. Es ist wahrscheinlich, dass es auch nach Covid-19 beim Rückenwind für die Vier-Tage-Woche bleibt.

---

87 Vgl. Rosnick, David/Weisbrot, Mark: Are Shorter Work Hours Good for the Environment? A Comparison of U.S. and European Energy Consumption, Center for Economic and Policy Research, Washington D.C. 2006. Online unter: http://cepr.net/documents/publications/energy_2006_12.pdf [Stand: 5.6.2020].

88 Vgl. Larsson, Jörgen/Nässén, Jonas: Would shorter work time reduce greenhouse gas emissions? An analysis of time use and consumption in Swedish households, Göteborg 2010. Online unter: https://journals.sagepub.com/doi/abs/10.1068/c12239 [Stand: 5.6.2020].

89 Das Jahreseinkommen wurde beim VW-Modell allerdings um bis zu 15 Prozent gekürzt – es gab damals keinen vollen Lohnausgleich. Im Gegenzug schloss der Tarifvertrag betriebsbedingte Kündigungen aus. Tausende Jobs blieben erhalten.

Verteilungsfragen beachten

Machen wir uns klar: Wenn sich die Arbeitswelt nicht ändert, wird sich auch unsere Gesellschaft nicht ändern. Wenn unsere Arbeitsverhältnisse auf Beschleunigung ausgelegt sind, führt das dazu, dass wir auch innerlich auf die Steigerungslogik getrimmt sind.[90]

Gewiss: Arbeitszeitverkürzung steht in einem Spannungsverhältnis mit kapitalistischem Gewinnstreben. Im Kapitalismus nutzen Unternehmen eine steigende Arbeitsproduktivität, um damit ihre Profite zu erhöhen. Ein Unternehmer wird im Falle steigender Arbeitsproduktivität und ausbleibenden Wachstums nur dann die Arbeitszeit reduzieren wollen, wenn die Löhne entsprechend gekürzt werden. Der Ausweg besteht in einer Gesetzgebung, die die Unternehmen auf den richtigen Pfad bringt.[91] Klar ist auch: Eine Arbeitszeitverkürzung kann nicht isoliert erfolgen, wenn sie funktionieren soll. Sie kann nur Teil eines umfassenden Reformpakets sein. Geht die Arbeitszeitverkürzung beispielsweise nicht mit strukturellen Veränderungen auf dem Arbeitsmarkt einher und fehlt die Förderung und Weiterbildung, kann die Verkürzung der Arbeitszeit zu fehlenden Fachkräften führen.[92]

Mut zur Utopie

Auch wenn es utopisch klingt: Eine 20-Stunden-Woche ist ein langfristiges Ziel, für das es sich zu kämpfen lohnt. Eine ver-

90 Vgl. Mau, Katharina: »Das Streben nach Geld bedeutet einen großen Verzicht auf Freiheit«, a. a. O.
91 Vgl. dazu Niessen, Frank: Entmachtet die Ökonomen! Warum die Politik neue Berater braucht, Marburg 2016, S. 58–59.
92 Vgl. Kirschenmann, Lena: a. a. O., S. 100.

rückte Idee in der Gegenwart? Ja, zweifellos. Gegenwärtig scheint dieses Ziel so weit weg zu sein wie der Pluto von der Sonne. Wir sollten aber bei Utopien nicht vergessen, was der Arzt und Soziologe Franz Oppenheimer (1864-1943) dazu gesagt hat: »Alle Wirklichkeit ist die Utopie von gestern.«

So sollten wir auch die radikale Arbeitszeitverkürzung betrachten. Sie ist ein lohnenswertes Ziel, denn sie kann zu deutlich mehr Lebensqualität führen.

Eine gerechte und ausgewogene Arbeitszeitverkürzung ist allerdings nur in Zusammenhang mit einer gerechten Einkommensverteilung denkbar. Geringere Arbeitszeiten bedeuten Verzicht auf Löhne. Na klar, könnte man nun sagen: In einer suffizienten Ökonomie ist ein Lohnausgleich nicht erforderlich, da weniger produziert und konsumiert wird.

Doch das hieße, mehrere Etappen zu überspringen. Unter den derzeit vorherrschenden Rahmenbedingungen ist eine Lohnkürzung für die mittleren und unteren Einkommensschichten kein attraktiver Weg. Daher muss die Einkommensungleichheit drastisch vermindert werden. Mehr Gleichheit und soziale Gerechtigkeit sind in den Industrie- wie Entwicklungsländern erforderlich. Verschiedene Studien zeigen, dass in relativ egalitären Gesellschaften mehr Vertrauen und mehr Kooperation herrschen.

Verteilungsfragen werden damit noch wichtiger. Wenn der Kuchen, das BIP, in Zukunft nicht mehr so stark wächst oder gar schrumpft, stellt sich mehr denn je die Frage nach der Verteilung der Kuchenstücke. Alle Menschen sollen einen gerechten Anteil bekommen. Die Forderung nach Umverteilung wird den oberen zehn Prozent der Gesellschaft nicht gefallen. Sie haben in den letzten Jahrzehnten hervorragend gelebt und sind stark an der Aufrechterhaltung des Status quo interessiert. Doch wenn man einen Sumpf austrocknen will, sollte man nicht die Frösche fragen.

Ungleiche Gesellschaften, das zeigen empirische Studien ganz deutlich, verzeichnen ein höheres Maß an seelischer Not und sozialen Problemen. Menschen in egalitären Gesellschaften sind zufriedener. Und sie verhalten sich weniger schädlich in Bezug auf die Umwelt.

6. Falsche Weichenstellungen korrigieren

Wie können wir umsteuern? Unter anderem mit Steuern! Der Umbau von Wirtschaft und Gesellschaft kostet Geld. Es wird kein Weg daran vorbeiführen, das Steuersystem umzugestalten. Nur so können wir unsere Gesellschaft krisenfest machen.

Die Höhe der Mehrwertsteuer könnte an gesellschaftlich definierten Zielen ausgerichtet werden. Die Reparatur von kaputten Elektrogeräten könnte beispielsweise von der Mehrwertsteuer befreit werden. Schweden praktiziert seit 2017 eine ähnliche Strategie: Hier wurde die Mehrwertsteuer für die Reparatur von Fahrrädern, Schuhen, Kleidung und anderen Textilien gesenkt. Für die Reparatur von defekten Haushaltsgeräten wurde ein Steuerabzug eingeführt.[93]

Die sozialen Sicherungssysteme sind derzeit auf Wachstum gebaut. Die Finanzierung von Staatsaufgaben und Sozialversicherungen beruht stark auf Einkommen aus Erwerbsarbeit.

Mein Vorschlag: Die Steuerlast könnte von Arbeit auf Ressourcennutzung sowie Vermögen verschoben werden. Notwendig wären eine neue Steuerbasis und ein Umbau der sozialen Sicherungssysteme.

Entscheidend ist, dass diese Umbauarbeiten *vor* der Zeit des Null- oder des Negativwachstums durchgeführt werden. Denn in einer Krise wären solche Umbauarbeiten kaum durchführbar.

---

93   Vgl. I.L.A. Kollektiv (Hg.): a. a. O., S. 54.

Steuern haben allgemein einen schlechten Ruf. Aber klug konstruiert, können sie einen Beitrag zur Gesellschaftsveränderung leisten.

Beispiel Luftverkehr: Die CO_2-Emissionen des Luftverkehrs tragen bereits jetzt etwa zu fünf Prozent zur globalen Erwärmung bei. Eine Studie der EU-Kommission rechnet vor, dass eine europäische Steuer auf Kerosin den Ausstoß von CO_2 um 11 Prozent senken würde.[94] 16,4 Millionen Tonnen CO_2 würden nicht ausgestoßen. Der Effekt wäre so, als würde man acht Millionen Autos von der Straße nehmen. In der gesamten EU würden etwa 27 Milliarden Euro pro Jahr in die Steuerkassen gespült, wenn man eine (moderate) Steuer von 33 Cent pro Liter Flugbenzin erheben würde. Jene Steuer würde die Preise für Flugtickets um 10 Prozent erhöhen. Gewiss: Der Flugverkehr müsste noch sehr viel stärker vermindert werden – und dazu sind neben einem deutlichen Preisaufschlag auch noch andere Maßnahmen denkbar. Die EU-Studie zeigt aber, was grundsätzlich möglich ist.

Höhere Steuern für die Reichen könnten auch ein Weg zur Herstellung von mehr Gleichheit sein. Nach dem Zweiten Weltkrieg gab es in vielen Industrieländern für die höchsten Einkommen Spitzensteuersätze von 70, 80 oder gar 90 Prozent.[95] Niemand schrie Zeter und Mordio. Hohe Spitzensteuersätze wurden als gerecht empfunden. Den Vermögenden blieb

---

94 Vgl. dazu o. V.: Taxes in the Field of Aviation and their impact, Draft Final Report, Brüssel 2019. Online unter: https://www.transp ortenvironment.org/sites/te/files/publications/EC_report_Taxes_in _field_of_aviation_and_their_impact_web.pdf [Stand: 5.6.2020].
95 Die USA hatten beispielsweise während des Zweiten Weltkriegs einen Spitzensteuersatz für Privatpersonen von 94 Prozent. In den 1950er Jahren zur Zeit der Eisenhower-Regierung lag der Satz noch bei 91 Prozent. Ein Jahrzehnt später sank der Spitzensteuersatz auf ein durchschnittliches Niveau von 70 Prozent (wenn man ein Jahreseinkommen von mehr als 200.000 US-Dollar hatte). Ronald Rea-

immer noch mehr als genug. Heute weiß das fast niemand mehr.

Alle Jahre wieder, pünktlich im Januar zum Weltwirtschaftsforum in Davos, veröffentlicht die britische Nichtregierungsorganisation Oxfam einen neuen Bericht zu Reichtum und Ungleichheit in der Welt. Laut des Berichtes des Jahres 2019 besitzen die 26 reichsten Menschen der Welt so viel Vermögen wie die 3,7 Milliarden Menschen der ärmeren Hälfte zusammen. Und in Deutschland? Das reichste Prozent der Deutschen verfüge, so Oxfam, über ebenso viel Vermögen wie die 87 ärmeren Prozent der deutschen Bevölkerung.[96]

Was kann getan werden? Um konkret für Deutschland zu werden: Eine Vermögenssteuer, die oberhalb eines Vermögens von einer Million Euro greifen würde, könnte bei einem Steuersatz von nur einem Prozent jährlich 20 Milliarden Euro in die deutsche Staatskasse spülen.Das hat das Deutsche Institut für Wirtschaftsforschung (DIW) berechnet.[97] Bei einem höheren Steuersatz wären noch deutlich größere Einnahmen möglich.

Flankiert werden sollten höhere Steuern für Vermögende durch eine Bekämpfung der Steuerflucht. Diese ist in den meisten Ländern immer noch möglich. Die Folge sind Milliardenschäden für die Allgemeinheit. Allein die Europäische Union

---

gan drückte schließlich den Spitzensteuersatz 1982 auf 50 Prozent und im Jahr 1988 dann auf 28 Prozent.

96 Vgl. dazu Oxfam Deutschland (Hg.): Im öffentlichen Interesse. Ungleichheit bekämpfen, in soziale Gerechtigkeit investieren, Berlin 2019. Online unter: https://www.oxfam.de/system/files/oxfam_fact sheet_deutsch_im-oeffentlichen-interesse-ungleichheit-bekaemp fen-in-soziale-gerechtigkeit-investieren.pdf [Stand: 5.6.2020].

97 Vgl. dazu Bach, Stefan/Thiemann, Andreas: Hohes Aufkommenspotential bei Wiedererhebung der Vermögensteuer, in: Deutsches Institut für Wirtschaftsforschung (Hg.): DIW Wochenbericht, Nr. 4, Berlin 2016, S. 79–89.

verliert nach sehr konservativen Schätzungen jedes Jahr etwa 60 Milliarden Euro durch Steuerflucht.[98]

Die EU-Kommission geht indes von deutlich höheren Werten aus: »Etwa eine Billion Euro geht der EU Jahr für Jahr durch Steuerhinterziehung und Steuerumgehung verloren«, sagte der frühere EU-Steuerkommissar Agirdas Semeta.[99]

In den Steueroasen der Welt schlummern viele Billionen Euro. Im Jahr 2012 schätzte das Tax Justice Network diesen Wert auf mindestens 16,7 Billionen Euro (seinerzeit 21 Billionen Dollar).[100]

Dieser große finanzielle Schatz müsste zum Wohl der Allgemeinheit endlich gehoben werden. Mittel und Wege gäbe es dazu – eine praktikable Lösung wäre ein globales Finanzregister, in dem die Eigentümer von Vermögenswerten erfasst würden.[101]

Das Unternehmenssteuerrecht müsste so reformiert werden, dass sich große Konzerne nicht länger durch Gewinnverlagerung in ein anderes Land um einen wesentlichen Teil ihrer Steuern drücken könnten.

Eine weitere Möglichkeit bestünde darin, dass die Zentralbank allen Kreditinstituten, die mit Steueroasen Geschäfte ma-

---

98 Vgl. Zucman, Gabriel: Motor der Ungleichheit, in: Süddeutsche Zeitung online vom 6.11.2017. Online unter: https://projekte.sued deutsche.de/paradisepapers/wirtschaft/steueroasen-befeuern-ungleichheit-e198908/ [Stand: 5.6.2020].

99 Nachzulesen ist das in einer offiziellen Pressemitteilung der EU-Kommission. Diese findet sich online unter: http://europa.eu/rapid/press-release_IP-12-1325_de.htm [Stand: 26.1.2019].

100 Vgl. Tax Justice Network (Hg.): The Price of Offshore Revisited, London 2012. Online unter: http://www.taxjustice.net/cms/upload/pdf/Deutsch/TJN2012_KostenOffshoreSystem.pdf [Stand: 5.6.2020].

101 Vgl. The World Inequality Lab: Bericht zur weltweiten Ungleichheit 2018, Kurzfassung. Online unter: http://wir2018.wid.world/files/download/wir2018-summary-german.pdf [Stand: 6.6.2020].

chen, die Konten kündigen würde.[102] Doch für alle bisher genannten Maßnahmen gilt: Es fehlt der politische Wille.

Gleiches gilt für die Einführung einer EU-weiten Finanztransaktionssteuer. Diese wird nun schon seit Jahren im EU-Finanzministerrat diskutiert, ohne dass sich viel bewegt. Eine EU-weite Finanztransaktionssteuer mit einem Steuersatz von nur 0,01 Prozent auf alle Geldgeschäfte würde sehr vorsichtigen Schätzungen zufolge 40 Milliarden Euro pro Jahr einbringen. Eine globale Einführung einer solchen Steuer könnte 350 Milliarden US-Dollar in die weltweiten staatlichen Kassen spülen.[103]

Eine Menge Geld ist auch bei umweltschädlichen Subventionen zu holen. Der motorisierte Individualverkehr wird direkt (z. B. durch Abwrackprämien) und indirekt (etwa durch den Bau neuer Straßen oder durch den Ausbau von Flughäfen) mit großen Summen von staatlicher Seite gefördert. Fossile Brennstoffe – man denke an den Braunkohleabbau oder an Biodiesel – werden ebenfalls massiv bezuschusst. Der Internationale Währungsfonds (IWF) hat zu berechnen versucht, wie hoch die Subventionen für fossile Brennstoffe weltweit sind. Ergebnis: atemberaubende 4,7 Billionen US-Dollar.[104]

---

102 Vgl. Scheidler, Fabian: Chaos, a. a. O., S. 62.

103 Vgl. Geißler, Heiner: Sapere aude! Warum wir eine neue Aufklärung brauchen, Berlin 2012, S. 43.

104 In dieser Summe sind direkte wie auch indirekte Subventionen enthalten. Zu den indirekten Subventionen gehören auch Gesundheitsschäden bei Menschen, die z. B. wegen Atemwegsbeschwerden infolge schmutziger Luft durch Kohlekraftwerke in Krankenhäusern behandelt werden müssen. Die Quellenangabe der Studie lautet: Coady, David/Parry, Ian et al.: Global Fossil Fuel Subsidies Remain Large: An Update Based on Country-Level Estimates, IMF Working Paper, WP/19/89, Washington D.C. 2019. Online unter: https://www.imf.org/~/media/Files/Publications/WP/2019/WPIEA2019089.ashx [Stand: 6.6.2020].

Wo die Prioritäten der Politik liegen, wird deutlich, wenn man zwei Zahlen vergleicht. Die der jährlichen globalen Rüstungsausgaben – und die der Investitionen in erneuerbare Energien.

Abrüsten!

Abrüstung ist ein Gebot der Stunde. Die Gefahr eines verheerenden Atomkrieges ist heute ähnlich hoch wie auf dem Höhepunkt des Kalten Krieges. Es gilt, alle Mechanismen zu stärken, die eine friedliche Konfliktlösung ermöglichen.

Im Jahr 2018 wurden weltweit unglaubliche 1,82 Billionen US-Dollar für Rüstung ausgegeben. Die USA gaben allein 649 Milliarden US-Dollar aus, gefolgt von China mit 250 Milliarden US-Dollar.[105]

289 Milliarden US-Dollar steckten die Staaten im gleichen Jahr in neue Infrastrukturen für erneuerbare Energie. Das war ein erheblicher Rückgang um 11,5 Prozent gegenüber 2017, als die Investitionen sich noch auf 326 Milliarden US-Dollar summierten. Die Investitionen 2018 lagen auf dem Niveau des Jahres 2011 – seinerzeit wurden 288 Milliarden ausgegeben.[106]

Richard Heinberg und David Fridley schätzen den notwendigen jährlichen Investitionsbedarf im Bereich der erneuerbaren Energien auf das Zehnfache des derzeitigen Wertes, damit der Energiebedarf der Welt zu 100 % mit erneuerbaren

---

105 Vgl. Stockholm International Peace Research Institute (Hg.): SIPRI Yearbook 2019. Armaments, Disarmament and International Security, Summary, Stockholm 2019, S. 6. Online unter: https://www.sipri.org/sites/default/files/2019-08/yb19_summary_eng_1.pdf [Stand: 20.2.2020].
106 Vgl. REN21 (Hg.): Renewables 2019. Global Status Report, Paris 2019, S. 148.

Energien um 2050 gedeckt werden kann. Sie gehen bei ihrer Rechnung lediglich von einem gleichbleibenden Energiebedarf aus, unterstellen also nicht einmal die in vielen Studien übliche Verdopplung des Energiebedarfs bis 2050. Jahr für Jahr müssten also über mehrere Jahrzehnte etwa 3 Billionen US-Dollar investiert werden.[107]

Jenseits aller schwindelerregenden Summen sollte eines nicht vergessen werden: Kriege verbrauchen enorme Mengen von Treibstoffen und Energie und produzieren entsprechend viele klimaschädliche Emissionen – ganz zu schweigen von den massiven Zerstörungen und dem unermesslichen Leid durch die Kriegshandlungen. Und auch wenn das Militär nur übt, richtet es Schäden an. Bodenverdichtung und Versiegelung sind bedeutsame Probleme. Der Treibstoffverbrauch aller Armeen weltweit ist enorm. Beispiel Eurofighter: Dieser Kampfjet, den auch die Bundeswehr einsetzt, verbraucht ca. 70–100 Liter Flugbenzin pro Minute – und das ohne Nachbrennereinsatz! Das US-Verteidigungsministerium ist mit einem Anteil von 77 bis 80 Prozent am gesamten Energieverbrauch der US-Regierung seit 2001 der größte Verbraucher fossiler Brennstoffe. Im Jahr 2017 betrug der Ausstoß von Treibhausgasen des US-Militärs über 59 Millionen Tonnen Kohlendioxid-Äquivalente.[108] Wenn das US-Militär ein Land wäre, würde es auf Platz 55 rangieren – noch vor Ländern

---

107 Vgl. Heinberg, Richard/Fridley, David: Our Renewable Future. Laying the Path for One Hundred Percent Clean Energy, Santa Rosa 2016, S. 123.

108 Kohlendioxid ist das bekannteste Treibhausgas. Aber nicht das einzige. Um die verschiedenen Treibhausgase vergleichbar zu machen, werden sie hinsichtlich ihrer Klimaschädlichkeit in Kohlendioxid-Äquivalente umgerechnet. Methan, ein anderes wichtiges Treibhausgas, ist etwa 28-mal so schädlich wie CO_2, ein Kilogramm Methan entspricht deshalb 28 Kilogramm CO_2-Äquivalent.

wie Portugal, Schweden oder Dänemark.[109] Die deutsche Bundeswehr kann damit nicht mithalten. Aber auch hierzulande werden immer mehr Gelder und Ressourcen in den militärischen Bereich gesteckt. Der deutsche Verteidigungshaushalt stieg überproportional von 32,4 Milliarden Euro (2014) auf 43,2 Milliarden Euro (2019).[110] Bis 2030 sollen die Verteidigungsausgaben weiter stark steigen – die USA verlangen, Deutschland solle zwei Prozent seines BIP für das Militär ausgeben.

Fehlentscheidungen im Verkehrsbereich

Falsche Weichenstellungen gibt es nicht nur im Rüstungs-, sondern auch im Verkehrsbereich. Die Deutsche Bahn wurde lange Zeit vernachlässigt. Zwischen 1994 und 2018 wurde das Schienennetz um 5.400 Kilometer reduziert. Zeitgleich wurden 247.000 Kilometer neue Straßen gebaut.[111]

Auch an Menschen und Material wurde bei der Bahn gespart. Das staatseigene Unternehmen sollte auf Profit getrimmt werden, um es eines Tages privatisieren zu können. Das hat nicht geklappt. Die Bahn könnte wieder ein richtiges bundeseigenes

---

109 Vgl. Pflüger, Markus: »Krieg ist der größte Klimakiller«, in: Ausdruck, Magazin der Informationsstelle Militarisierung, Nr. 4, 2019, S. 39–41.

110 Diese Summe unterschätzt noch den Zuwachs bei der Rüstung. Immer mehr Ausgaben für das Militär werden in den Haushaltsposten anderer Ministerien versteckt, wie die Informationsstelle Militarisierung kritisiert. Vgl. dazu Wagner, Jürgen: NATO-Kriterien: Versteckte Rüstungsausgaben, IMI-Standpunkt 2019/058. Online unter: https://www.imi-online.de/2019/12/06/nato-kriterien-versteckte-ruestungsausgaben/ [Stand: 6.6.2020].

111 Siehe dazu: Rosa-Luxemburg-Stiftung (Hg.): Luxemburg, Ausgabe »Bahn frei«, Nr. 1, Berlin 2020, S. 26.

Unternehmen werden, auf das die Nutzer nicht schimpfen, sondern stolz sind.

Die Schweiz macht es vor. Ziel müsste die möglichst flächendeckende Versorgung der Bevölkerung und der Wirtschaft mit zuverlässigen und erschwinglichen Bahnverbindungen sein.

Zug nach Nirgendwo: stillgelegte Bahnstrecke

Brücke der stillgelegten Bahnstrecke Forchheim-Hemhofen über den Main-Donau-Kanal bei Forchheim. Urheber: Fritz-F, Wikimedia Commons, CC BY-SA 3.0.

Bildquelle: https://de.wikipedia.org/wiki/Streckenstilllegung#/media/Datei: Forchheim-Hemhofen.jpg [Stand: 10.6.2020].

In den 1960er Jahren, als die Wirtschaftsleistung nur ein Bruchteil der heutigen betrug, war genau das in der alten Bundesrepublik problemlos möglich. Wieso sollte sich das wiedervereinigte Deutschland das heute nicht mehr leisten können?[112]

---

112 Vgl. Pomrehn, Wolfgang: Krieg ums Öl: Zeit für ein Entzugsprogramm. Online unter: https://www.heise.de/tp/news/Krieg-ums-

Klar, der Staat müsste eine Menge Geld in die Hand nehmen – viele neue Züge müssten her. Tausende Menschen könnten eingestellt werden. Zahlreiche Studien bescheinigen der Schiene ein großes Beschäftigungspotenzial, die Schiene könnte ein regelrechter Beschäftigungsmotor werden.[113]

Stattdessen wird gespart. Die Bundesregierung hat von 2009 bis 2019 rund 20-mal mehr Geld in die Erforschung des Kraftfahrzeugverkehrs investiert als in die Entwicklung des öffentlichen Personennahverkehrs (ÖPNV). Insgesamt gab der Bund rund 2,2 Milliarden Euro für die Optimierung von Technik und Material für Autos sowie Infrastruktur und Lenkung des Pkw- und Lkw-Verkehrs in diesem Zeitraum aus; in die Entwicklung von Bussen, Bahnen oder Fähren investierte er dagegen nur 112,5 Millionen Euro.[114]

Transition Towns

Die Beispiele Steuern, Rüstung und Verkehr zeigen: »Politik von oben« setzt nicht die richtigen Schwerpunkte. Daher orga-

---

Oel-Zeit-fuer-ein-Entzugsprogramm-4628984.html [Stand: 8.6.2020].

113 So z. B. DIW Econ/Forum Ökologisch-Soziale Marktwirtschaft (Hg.): Der Neun-Punkte-Plan. Beschäftigungs- und Klimaschutzeffekte eines grünen Konjunkturprogramms, Studie im Auftrag von Greenpeace Deutschland, Berlin 2020, S. 29–30.

114 Diese Zahlen ergeben sich aus Antworten des Bundesforschungsministeriums und des Bundesverkehrsministeriums auf Anfrage der grünen Bundestagsfraktion. Vgl. Scholz, Claudia: Zwei Milliarden zu 100 Millionen Euro. Bund zieht Autoforschung dem ÖPNV vor, in: Handelsblatt online vom 15.11.2019. Artikel online unter: https://www.handelsblatt.com/politik/deutschland/forschungsgelder-zwei-milliarden-zu-100-millionen-euro-bund-zieht-autoforschung-dem-oepnv-vor/25233060.html?ticket=ST-338017 62-5G1gcecIckyJsJ5gbGsW-ap3 [Stand: 6.6.2020].

nisieren sich Bürger überall auf der Welt, um »Politik von unten« zu machen.

Ein prominentes Beispiel in diesem Kontext stellen die *Transition Towns* dar. Diesen Ansatz halte ich für spannend. Der Begriff Transition Towns lässt sich mit »Städte im Wandel« übersetzen.

Die Idee der Transition Towns kommt aus dem Vereinigten Königreich. Die Modellstadt ist Totnes (Südengland, Grafschaft Devon). Sie hat viele Nachahmer gefunden. Die Absicht hinter den Transition Towns: Städte und Gemeinden sollen vor dem Hintergrund des Klimawandels und des Ölfördermaximums krisenfest gemacht werden. Ohne Subventionen, ohne die »große Politik«.[115] Das Zauberwort lautet: Resilienz.

Resilienz. Der Begriff findet in der Physik und in der Psychologie Verwendung. In der Physik bezeichnet Resilienz die Fähigkeit eines Gegenstandes, nach einem Stoß bzw. einer Deformation wieder seine ursprüngliche Form anzunehmen. In der Psychologie erholen sich resiliente Personen von Traumata und Schicksalsschlägen wesentlich besser als nicht-resiliente Personen. Die Transition-Town-Bewegung versteht Resilienz als die Fähigkeit einer Gemeinschaft, auf Schocks und äußere Negativeinflüsse so zu reagieren, dass die wesentlichen Funktionen jener Gemeinschaft nicht gestört werden. Weniger wissenschaftlich formuliert, heißt das: Eine resiliente Gemeinschaft kann ihre Bedürfnisse auch nach einem äußeren Schock befriedigen.

Resilienz möchte die Bewegung der Transition Towns in den Bereichen der Nahrung, der Ökonomie und der Energie schaffen – zunächst mit einer lokalen bzw. regionalen Perspek-

---

115 Vgl. Ganser, Daniele: Europa im Erdölrausch. Die Folgen einer gefährlichen Abhängigkeit, 3. Auflage, Zürich 2013, S. 358.

tive.[116] Allerdings gilt hier der alte Nachhaltigkeitsspruch »Global denken, lokal handeln«. Der Grundgedanke besteht darin, dass die großen ökologischen, ökonomischen und damit auch sozialen Herausforderungen nicht allein durch Maßnahmen »von oben« zu bewerkstelligen sind, sondern auch »von unten« in Angriff genommen werden müssen. Also mit Hilfe von kleinen, übersichtlichen lokalen und regionalen Gemeinschaften.

Resilienz zu schaffen, bedeutet vor allem eines: Man erhöht in einem bestehenden System die Vielfalt der Elemente. Beispiel Nahrung: Bauernhöfe, Aquakulturen, Wälder, Kollektivgärten, Privatgärten oder Supermärkte können Menschen mit Nahrung versorgen. Man ist umso resilienter, je mehr Optionen einem offenstehen. Fällt in einer Krisensituation der Supermarkt aus, muss nicht hungern, wer noch andere Alternativen hat.[117]

Zur Resilienz gehören außerdem Dezentralität und Redundanz. Dezentralität lässt sich gut am Beispiel der Stromversorgung begreifen. Viele kleine Kraftwerke an vielen unterschiedlichen Orten versorgen eine Region mit Strom – und nicht ein großes zentrales Kraftwerk. Bei der Redundanz wird ein System mehrfach angeordnet. Das erscheint auf den ersten Blick überflüssig. Fällt aber ein System aus, steht das andere System noch zur Verfügung.[118]

---

116 Vgl. Hopkins, Rob: The Transition Companion: making your community more resilient in uncertain times, London 2011, S. 78.

117 Vgl. Servigne, Pablo: La Résilience. Un concept-clé des initiatives de transition. Online unter: http://www.barricade.be/spip.php?article288 [Stand: 15.2.2020].

118 Ein Paradebeispiel für Redundanz sind Flugzeuge. Im Cockpit sind alle Instrumente doppelt vorhanden. Fällt ein Instrument aus, ist das andere noch nutzbar. Ein Flugzeug hat auch mindestens zwei Triebwerke und zwei Funkanlagen – und zwei Piloten.

Diversität, Dezentralität und Redundanz verursachen Kosten und sind nicht so effizient. Aber mit ihnen lassen sich schwierige Situationen besser meistern.

Ein zentrales Element der Transition Towns ist das *Urban Gardening*. Dieses »Gärtnern im städtischen Raum« bezeichnet die Nutzung von (zumeist kleineren) Flächen in Städten zum Anbau von Gemüse, Obst und Kräutern.

Konkret heißt das: Der öffentliche Raum wird an jeder möglichen Ecke bewirtschaftet. Auf Brachen, Dächern, Mauern und Grünstreifen werden dann Tomaten gezüchtet und Möhren aus der Erde gezogen. Das Gärtnern schafft einen Rahmen für städtische Naturerfahrung, für Selbermachen, für Begegnung und Gemeinschaft und ermöglicht auch weitergehendes Engagement für den Stadtteil. Brachen werden entmüllt und bepflanzt, praktische Lernorte für Kinder entstehen und neue Impulse für eine Kultur der Teilhabe bereichern das Zusammenleben in der Stadt.

Urban Gardening funktioniert übrigens auch ganz ohne den Überbau der Transition Towns. In Deutschland gibt es inzwischen unzählige Initiativen, die sich dem Gärtnern in der Stadt verschrieben haben.[119]

Im Unterschied zur theorielastigen décroissance/degrowth-Bewegung ist der Transition-Ansatz durch und durch pragmatisch. Das Verhältnis zum Kapitalismus ist eher unbestimmt. Es gibt keine vorgefertigten Lösungen. Die konkreten Ideen und Projekte werden von den engagierten Gemeinschaften in einem kreativen und basisdemokratischen Prozess selbst entworfen.

Die Transition-Idee hat sich nicht zuletzt deswegen schnell ausgebreitet. Als globale Klammer fungiert das internationale

---

119 Mehr Infos zum Urban Gardening gibt es unter: https://urban gardeningmanifest.de/.

Transition Network, in dem über 1100 Dörfer und (Klein-)Städte zusammengeschlossen sind. Tendenz: steigend.

Unter www.transitionnetwork.org kann man viele Ideen und Projekte näher kennenlernen.

7. Die Rolle des Staates

Individuelle Verhaltensänderungen sind, wie schon dargelegt wurde, wichtig. Dennoch würde die Individualisierung der in diesem Buch beschriebenen Probleme entschieden zu kurz greifen. Vieles, was in manchen Ratgebern zur Rettung der Welt vorgeschlagen wird (»weniger Auto fahren«, »Energiesparlampen installieren«, »Müll trennen«, »Biomilch kaufen«), verkennt zudem die Dimensionen der multiplen Krise, in der wir uns befinden. Die Aufgaben, die vor uns liegen, sind schlicht immens.

Ebenso wichtig wie die individuelle Handlungsebene ist, wie das Beispiel der Transition Towns zeigt, die gemeinschaftliche Ebene. Daneben sehe ich zwei weitere: die staatliche und die überstaatliche. Es ist gut, wenn der Wandel von unten anfängt, aber damit sich Dinge grundlegend verändern, müssen die darüberliegenden Strukturen ebenfalls umgewälzt werden.

Nachhaltig zu leben, ist für viele Menschen schwierig. Der Staat muss entsprechende Anreize setzen. Oft ist es nicht der fehlende Wille, der bei Einzelpersonen oder Familien ein nachhaltiges Verhalten verhindert, sondern strukturelle Zwänge (v. a. finanzieller Natur) und fehlende politische Impulse.

Natürlich weiß ich auch, dass der Versuch der Gesellschaftsveränderung über den Staat in der Vergangenheit nur wenig erfolgreich war. Und das ist noch höflich ausgedrückt. Selbst sich als progressiv bezeichnende Regierungen haben in der Vergangenheit wenig bewirkt. Und ich weiß auch, dass der Staat manchmal ganz furchtbare Dinge tut, repressiv sein kann und oft die Interessen der Eliten zuerst bedient.

Doch ohne den Staat wird es wahrscheinlich nicht gehen. Dieser hat in der Coronakrise gezeigt, dass er nach wie vor handlungsfähig ist – und nicht nur neoliberale Sparpolitik durchsetzen kann. Nur der Staat kann den Abbau ökologisch schädlicher Subventionen (in Deutschland sind das mehr als 40 Milliarden Euro pro Jahr) betreiben. Nur der Staat kann starke Regeln für eine bessere, ökologischere Landwirtschaft setzen, die wir unbedingt brauchen. Nur der Staat kann Coffee-to-go-Becher, Wegwerfkleidung, schädliche Pflanzenschutz-mittel und unnötige Verpackungen verbieten. Nur der Staat kann im ganz großen Stil in erneuerbare Energien, leistungsfähigere Stromnetze und Speicherinfrastruktur investieren. Nur der Staat kann kollektiv verbindliche Vorgaben zur Verringe-rung des Ressourcenverbrauchs oder des Ausstoßes von Schadstoffen machen. Und für ein ganzes Land Anreize für Selbstbegrenzung, Verantwortungsbereitschaft und Rücksicht-nahme setzen.

Starke Normen und klare gesetzliche Auflagen durch die öffentliche Hand können durchaus beachtliche Wirkungen zei-gen. Michael Kopatz vom Wuppertal-Institut belegt dies in sei-nem Buch *Ökoroutine*[120] eindrucksvoll. Erstes Beispiel: Elektro-geräte verbrauchen heute im Stand-by-Betrieb kaum noch Strom. Maximal sind es 0,5 Watt in der gesamten Europäischen Union. Die Effizienzvorgabe ist wirkungsvoll, um den Strom-verbrauch zu reduzieren.[121] Zweites Beispiel: Für alle Neubau-ten in der Europäischen Union gilt ab 2021 der Niedrigstener-giestandard. Der Heizenergie-Bedarf dieser Gebäude liegt bei

---

120 Kopatz, Michael: Ökoroutine. Damit wir tun, was wir für richtig halten, München 2016.

121 Leider gibt es immer mehr Elektrogeräte in den Haushalten, so dass ein Teil des Einspareffektes wieder aufgefressen wird. Das nennt man »Rebound-Effekt«.

null. Die Auswirkungen der EU-Richtlinie dürften weitreichend sein.

Revitalisierung der Demokratie

Ohne den Staat wird der notwendige Wandel also nicht funktionieren. Wir müssen diesem lahmen Gaul Beine machen. Dazu bedarf es massiven Druckes von der Straße. Die schweigende Mehrheit der Menschen wird dazu ihre Stimme wiederfinden müssen.

Aber natürlich müssen Menschen erst wieder befähigt werden, politisch zu denken und sich zu organisieren. Wir sollten uns an Willy Brandt erinnern und mehr Demokratie wagen. Demokratie strebt eine Gesellschaftsform an, in der jede Form von Macht eingehegt ist und sich zu legitimieren hat. Demokratie bedeutet, dass Menschen die Angelegenheiten, die sie betreffen, mitbestimmen können.

Die Demokratie ist heute bedroht. Was hilft, ist Vorwärtsverteidigung – durch Erweiterung, Verbreiterung, Vertiefung.[122]

Eine Stärkung der Demokratie könnte durch mehr direkte Demokratie erfolgen. Die Schweiz ist hier das Vorbild. Sie hält regelmäßig Volksabstimmungen zu verschiedenen Themen ab. Die Eidgenossenschaft ist eine jahrhundertelang von unten gewachsene Demokratie. Kantone lassen kommunale Selbst- und Mitbestimmung in unterschiedlichem Ausmaß zu. In den sogenannten Landsgemeinden versammeln sich traditionell hunderte oder tausende Personen unter freiem Himmel, diskutieren und verabschieden Gesetzentwürfe. Für uns unvorstellbar

---

122 Vgl. Scheub, Ute: Demokratie. Die Unvollendete, 2. Auflage, München 2017, S. 8.

– aber es funktioniert. Allein in der Schweiz mit ihren etwa acht Millionen Einwohnern findet die Hälfte aller Volksabstimmungen weltweit statt.[123] Volksentscheide können in der Alpenrepublik jederzeit und zu allen Themen gestartet werden, sobald eine Initiative mit 100.000 Unterschriften eingereicht wird. Das Initiativrecht ist eine hervorragende Möglichkeit, bestimmte Themen gesellschaftlich zur Diskussion zu stellen. Bei den Abstimmungen entscheidet immer die einfache Mehrheit. Eine Volksabstimmung hat auf Schweizer Bundesebene nur dann Erfolg, wenn sowohl die Mehrheit aller Stimmenden (»Volksmehr«) als auch die Mehrheit in den Kantonen (»Ständemehr«) zustande kommt. Dann muss das Parlament die Vorlage beraten, gegebenenfalls ändern, verabschieden und je nach Forderung in der Verfassung verankern.[124]

Alle Schweizer stimmen an jährlich vier Terminen über durchschnittlich zehn Gesetze, Initiativen oder Referenden auf Bundesebene ab und über noch mehr auf kantonaler und Gemeindeebene. Mit den Wahlunterlagen zusammen bekommen die Menschen ein »Abstimmungsbüchlein«, das alle wichtigen Informationen enthält: die zur Abstimmung stehende Vorlage, Pro- und Kontra-Argumente, die Meinung des Bundesrats (der Exekutive der Schweiz), der Kantonsregierung oder des Gemeinderats sowie die Ergebnisse früherer Beratungen und Abstimmungen in diesen Gremien.[125]

In Deutschland setzt sich der Verein *Mehr Demokratie*[126] schon seit 1988 für mehr Demokratie ein. Die These: Eine gut ausgebaute direkte Demokratie werde die politische Kultur auf allen Ebenen verändern. Entscheidungsträger in der Politik rückten näher an die Menschen heran und berücksichtigten

---

123 Vgl. ebenda, S. 39–40 und S. 49.
124 Vgl. ebenda, S. 53.
125 Vgl. ebenda, S. 50–51.
126 Mehr Infos unter: https://www.mehr-demokratie.de.

stärker deren Vorschläge und Ideen. Das verringere die Kluft zwischen Abgeordneten und Wählern und schaffe Vertrauen auf beiden Seiten. Volksentscheide würden für eine beständige Diskussion über wichtige politische Fragen sorgen. Das schärfe das Demokratie-, aber auch das Rechtsbewusstsein der Menschen.

Vielversprechend sind auch Ansätze der sogenannten *deliberativen Demokratie*. Worum geht es dabei? Das bekannteste historische Vorbild ist das antike Athen: Dort wurden etwa 90 Prozent der Ämter ausgelost.[127] Die Republik Florenz funktionierte ähnlich: Diese hat über Jahrhunderte ihre politischen Entscheidungen mit einem komplizierten Losverfahren getroffen. Auch dort bewährte sich das Losen. Gegenwärtige Überlegungen für eine Reform der Demokratie, wie diese beispielsweise von dem belgischen Historiker David Van Reybrouck vorgetragen werden, knüpfen daran an. Sie plädieren dafür, einen Teil der Legislative auszulosen.[128] Van Reybrouck fordert ein duales System aus Wahlen und Losverfahren. Die Idee mag auf den ersten Blick etwas eigenartig erscheinen, vielleicht so ähnlich wie die Forderung nach einem Wahlrecht für Frauen im 18. Jahrhundert, hat aber Charme. In den heutigen Parlamenten finden sich kaum Vertreter der Unter- und Mittelschicht. Das Losverfahren würde für mehr Diversität sorgen – die Bevölkerung wäre wesentlich breiter beteiligt. Niemand müsste Zeit für Parteiarbeit und Wahlkampf aufwenden – deshalb gäbe es mehr Zeit für die inhaltliche Arbeit. Amtszeiten sind begrenzt – jeder darf nur einmal amtieren. Mit der Hilfe des Losverfahrens lassen sich eher Entscheidungen herbeiführen, die dem langfristigen Gemeinwohl dienen. Die Wahlde-

---

127 Die allerwichtigsten Posten allerdings nicht! Außerdem waren Frauen und Unfreie von der Politik ausgeschlossen.

128 Siehe dazu Van Reybrouck, David: Gegen Wahlen. Warum Abstimmen nicht demokratisch ist, Göttingen 2016.

mokratie kann das ganz offensichtlich nicht. Oft höre ich von Politikern hinter vorgehaltener Hand, dass sie gerne anders entscheiden würden, aber nicht könnten. »Wenn ich das mache, werde ich nicht wiedergewählt.« Damit ist jeder Versuch, mit Argumenten zu überzeugen, schnell beendet.

Das Losen verhindert eine Polit-Aristokratie. Und weil das Los jeden treffen kann, kann sich auch jeder für die Gemeinschaft einbringen. Erfolgreiche Experimente mit ausgelosten Bürgerversammlungen gibt es weltweit – beispielsweise in Texas oder im brasilianischen Porto Alegre. Ein Allheilmittel ist die deliberative Demokratie sicher nicht. Aber sie könnte das System der repräsentativen Demokratie ergänzen.

Wahrscheinlich reicht das aber (noch) nicht. Denn: Demokratie wird hierzulande immer nur als politische Demokratie aufgefasst – diese bezieht sich nur auf den Staat im engeren Sinne. Bis in den Spätfeudalismus war es so, dass die ökonomische und die politische Herrschaft zusammenfielen. Seitdem gibt es eine Trennung zwischen politischer und ökonomischer Herrschaft. Nur der Bereich politischer Herrschaft ist demokratischen Verfahren unterworfen. Aus dieser Warte haben wir immer schon eine »halbierte Demokratie« gehabt.

John Dewey, der vielleicht bedeutendste US-amerikanische Sozialphilosoph in der ersten Hälfte des 20. Jahrhunderts, meinte, wir könnten keine demokratische Gesellschaft haben, ehe nicht sämtliche Institutionen – im Bereich von Produktion, Handel und Medien – unter partizipatorischer Kontrolle stünden. Er war überzeugt, dass Politik der Schatten sei, den die Großindustrie auf die Gesellschaft werfe.[129]

Ökonomische Macht ist immer auch politische Macht. Mehr Demokratie wagen, das hieße heute Einbeziehung der

---

129 Vgl. Chomsky, Noam: Requiem für den amerikanischen Traum. Die 10 Prinzipien der Konzentration von Reichtum und Macht, München 2019, S. 170.

Bürger in die Verfügungsmacht über die Produkte ihrer eigenen Arbeit – also: Wirtschaftsdemokratie wagen.[130] Selbst in der vorbildlichen Schweiz beschränkt sich die Selbst- und Mitbestimmung bisher auf den politischen Sektor – die Demokratie endet an den Eingangspforten der mächtigen Schweizer Banken und Konzerne.[131]

Die Idee, dass Produktionsbetriebe im Besitz ihrer Beschäftigten sein sollten, war übrigens schon Mitte des 19. Jahrhunderts weit verbreitet. Er findet sich nicht nur in Schriften von Linken wie Karl Marx, sondern auch in Werken von Liberalen wie John Stuart Mill.[132]

Mehr Demokratie wagen? Nicht wenige Beobachter meinen, das sei der falsche Weg. Demokratie bedeute Herrschaft der Mehrheit. Und die Mehrheit der Menschen in den entwickelten Ländern wolle das Falsche – nämlich den Status quo so lange wie möglich bewahren. Mehr Demokratie zu wagen, würde bedeuten, die Umweltprobleme nicht zu lösen und die Situation letzten Endes zu verschlimmern.[133] Diese Argumentation lässt mich

---

130 Vgl. Negt, Oskar: Keine Zukunft der Demokratie ohne Wirtschaftsdemokratie, S. 8–9, in: Meine, Hartmut et al. (Hg.): Mehr Wirtschaftsdemokratie wagen!, Hamburg 2011, S. 7–13.

131 Vgl. Scheub, Ute: a. a. O., S. 49.

132 Mill wörtlich: »Diejenige Form der Assoziation jedoch, welche, wenn die Menschheit in ihrer sozialen Vervollkommnung fortschreitet, schließlich vorherrschend werden dürfte, ist (...) eine Assoziation zwischen Arbeitern unter sich auf dem Fuß der Gleichheit, welchen Arbeitern das Kapital, womit sie arbeiten, gemeinschaftlich gehört und die ihr Geschäft unter Leitung von Vorständen betreiben, welche sie selbst erwählt haben und wieder absetzen können.« Zitiert nach: Chomsky, Noam: Wer beherrscht die Welt? Die globalen Verwerfungen der amerikanischen Politik, 4. Auflage, Berlin 2018, S. 199.

133 Vgl. dazu exemplarisch Blühdorn, Ingolfur: Nachhaltigkeit und postdemokratische Wende, in: Vorgänge, Heft 2, 2010, S. 44–54;

erschaudern. Niemand sollte sie allerdings leichtfertig vom Tisch wischen.

Ich stimme den Skeptikern dennoch nicht zu. Einerseits, weil die politischen und wirtschaftlichen Eliten keine Lösungen haben. Die Untauglichkeit ihrer Konzepte haben sie schon oft genug unter Beweis gestellt. Andererseits, weil ich großes Vertrauen in Menschen habe. Wir alle sind vernunftbegabt und in der Lage, das Richtige zu erkennen und zu tun. Meine persönliche Erfahrung mit basisdemokratischen Prozessen ist ausgesprochen positiv.

Mehr Basisdemokratie kann ein sehr wichtiger Weg des Lernens sein. Man kann sich beispielsweise die Occupy-Bewegung anschauen, die im Jahr 2011 u. a. wochenlang vor der Wall Street kampierte und protestierte.

Am Ende ist sie mit ihren Forderungen zwar gescheitert, aber für die Menschen, die an Occupy beteiligt waren, war es ein großartiges Demokratielabor, welches das Wissen und das Bewusstsein aller Beteiligten erweitert hat.

Freilich: Damit mehr Demokratie auch wirklich mehr bewirken kann, brauchen wir einen Kulturwandel. Es hat in den Industrieländern in den letzten knapp 40 Jahren eine massive Entpolitisierung stattgefunden. Politik ist den Augen der meisten Menschen das, was die Politiker machen. Kompliziert und undurchschaubar. Etwas für Experten. Viele Menschen glauben, dass sie an den Verhältnissen nichts ändern können. Und eine Minderheit hat genau diese Erfahrung selber gemacht. Daher muss auf die Entpolitisierung eine Re-Politisierung folgen.

Blühdorn, Ingolfur: Entpolitisierung und Expertenherrschaft: Zur Zukunftsfähigkeit der Demokratie in Zeiten der Klimakrise, Reihe »Vordenken«, Wuppertal Institut/Heinrich-Böll-Stiftung, Berlin 2010.

Mehr Demokratie hat übrigens noch einen weiteren unschätzbaren Vorteil. Die Glücksforschung zeigt: Je umfassender die direkt-demokratischen Möglichkeiten sind, desto höher schätzen die Bürger ihre Lebenszufriedenheit ein.[134]

Ökologisches Grundeinkommen

Ein demokratischerer Staat könnte viel mehr Möglichkeiten schaffen. So könnte die öffentliche Hand beispielsweise ein bedingungsloses Grundeinkommen einführen. Ein solches Einkommen würde ohne Bedürftigkeitsprüfung und Anspruch auf Gegenleistung an alle Menschen ausgezahlt.

Mittlerweile gibt es eine schier unüberblickbare Fülle von unterschiedlichen Konzepten (von Konservativen, Liberalen, Neoliberalen und Linken), von denen mir viele etwas unausgegoren erscheinen. Streng genommen ist es daher nicht richtig, von einem Grundeinkommen im Singular zu sprechen.[135] Ein zentraler Knackpunkt aller Konzepte ist die Finanzierung des Grundeinkommens. Die Kosten dafür wären fraglos sehr hoch.[136]

---

134 Vgl. Frey, Bruno S./Frey Marti, Claudia: Glück – Die Sicht der Ökonomie, S. 461, in: Wirtschaftsdienst, Nr. 7, 2010, S. 458–463.

135 Vgl. Ketterer, Hanna: Bedingungsloses Grundeinkommen und Postwachstum, S. 397, in: Petersen, David J. et al. (Hg.): Perspektiven einer pluralen Ökonomik, Wiesbaden 2019, S. 395–428.

136 Viele Kritiker eines Grundeinkommens halten ein bedingungsloses Grundeinkommen für schlichtweg nicht finanzierbar. Dabei ist allerdings zu berücksichtigen, dass es sehr viele Varianten eines Grundeinkommens gibt. Es gibt Modelle, die ein monatliches Einkommen von kaum 500 € vorsehen – und Modelle, die mit 1.000 € kalkulieren. Für die Finanzierung des Grundeinkommens gibt es ebenfalls sehr unterschiedliche Vorschläge. Prinzipiell sind die Befürchtungen mit Blick auf die Finanzierbarkeit aber berech-

Grundsätzlich gilt: Die Idee eines Grundeinkommens ist attraktiv, gerade für weiterführende Überlegungen zu einer Postwachstumsgesellschaft. Auch all jene, die drastische Umwälzungen der Arbeitswelt durch die Digitalisierung und die Automatisierung befürchten, sehen in einem Grundeinkommen eine Chance.

Das Konzept bietet, je nach Ausgestaltung, mögliche Antworten auf den Problemkreis »weniger Erwerbsarbeit«. Das Grundeinkommen zielt außerdem auf das Wettbewerbsprinzip. Unsere Gesellschaft reproduziert sich über die Wettbewerbslogik. Die gegenwärtige Gesellschaft ist durch einen permanenten Zwang zur Steigerung geprägt. Das systemische Streben nach Wirtschaftswachstum, Beschleunigung und ständiger Innovation übersetzt sich in unser Leben in Form von Konkurrenzdruck und Existenzzwang. Wer aber Angst um seine (finanzielle) Existenz hat, verschließt sich gegenüber der Welt. Resonanzerfahrungen und damit verbunden ein gutes, gelingendes Leben sind somit nicht möglich.

Die bisher schrankenlose Wettbewerbslogik könnte durch ein Grundeinkommen unterbrochen werden. Die schiere ökonomische Existenz eines Menschen wäre damit gesichert, bevor der Mensch in Wettbewerb um Jobs, Einkommen, Positionen, Freunde und Anerkennung eintritt.

---

tigt. Ein bedingungsloses Grundeinkommen kann nur funktionieren, wenn die meisten Menschen wie bisher weiterarbeiten. Das Grundeinkommen muss ja erwirtschaftet werden. Daraus ergibt sich ein grundlegendes Problem: Entweder ist der Betrag (zu) klein, dann wird niemand davon leben können oder wollen. Die Menschen arbeiten wie bisher, aber das bestehende System verändert sich nicht. Oder der Betrag ist (zu) hoch, dann werden viele Menschen sehr viel weniger arbeiten. Die Finanzierung würde zum unlösbaren Problem. Vgl. dazu auch Binswanger, Mathias: Der Wachstumszwang, a. a. O., S. 253.

Durch ein Grundeinkommen würden viele Menschen auch wieder in die Lage versetzt, darüber nachdenken zu können, wie sie ihr Leben führen möchten – und was wirklich wichtig ist. Sorge-, Pflege- und Hausarbeiten, die heute überwiegend von Frauen unentgeltlich ausgeführt werden, bekämen endlich eine gesellschaftliche Anerkennung.

Ein Grundeinkommen öffnet eine Exit-Option aus der kapitalistischen Verwertungsmaschinerie. Ein Grundeinkommen ist Geld und damit »gespeicherte Zeit«.[137] Wenn Menschen nicht mehr Tag für Tag arbeiten müssten, um ihren Lebensunterhalt zu verdienen, hätten sie mehr Zeit, sich in der Gesellschaft zu engagieren und diese zu verändern.[138] Anhänger des Grundeinkommens argumentieren zudem damit, dass dieses Entwicklungspotenziale freisetzt, die es ermöglichen, künftige Anpassungsprozesse mutiger und effektiver anzugehen.[139]

Wie schon erwähnt: Es gibt sehr unterschiedliche Modelle von Grundeinkommen. Am interessantesten erscheinen mir dabei die Überlegungen von Ulrich Schachtschneider[140] zu einem ökologischen Grundeinkommen. Schachtschneider erhofft sich von seiner Idee eine Förderung des Umweltschutzes, mehr Gerechtigkeit und Freiräume für andere Formen der Arbeit und des Zusammenlebens. Kern der Idee: Ökosteuern. Der Verbrauch von nicht erneuerbaren Ressourcen wird also besteuert. Richtschnur ist die Umweltschädlichkeit des Verbrauchs eines Stoffes bzw. einer Handlung. Ob Rohstoffverbrauch, CO_2-

---

137 Vgl. Ketterer, Hanna: a. a. O., S. 421 und S. 414.
138 Vgl. I.L.A. Kollektiv (Hg.): a. a. O., S. 71.
139 Vgl. Reuter, Katharina: Von wegen Füße hochlegen für alle, in: Politische Ökologie, Nr. 150, 35. Jg., September 2017, S. 107–109.
140 Schachtschneider, Ulrich: Ökologisches Grundeinkommen: Ein Einstieg ist möglich. Online unter: http://www.ulrich-schacht schneider.de/resources/BIEN+2012-$C3$96kologisches+Grund einkommen-Ein+Einstieg+ist+m$C3$B6glich.pdf [Stand: 15.2.2020].

Emissionen, Fliegen oder Flächenversiegelung – besteuern ließe sich viel.

Die Einnahmen würden in der Form eines ökologischen Grundeinkommens zurückverteilt. Jeder Staatsbürger, vom Säugling bis zum Greis, bekäme es ausgezahlt. Würde die Besteuerung Wirkung zeigen und der Verbrauch von umweltschädlichen Produkten zurückgehen, müssten die Ökosteuern sukzessiv erhöht werden.

Eines meiner wesentlichen Bedenken bei einem solchen Modell ist die soziale Gerechtigkeit. Richtig ist: Wohlhabende konsumieren mehr, haben also einen höheren Umweltverbrauch und würden auch mehr zahlen als Menschen mit kleiner Geldbörse. Bei einer Pro-Kopf-Ausschüttung wären die Reichen im Nachteil, weil sie mehr einzahlen als sie bekommen würden. Ärmere und Kinderreiche könnten dagegen im Vorteil sein.

Entscheidend bei Ökosteuern sind aber nie die absoluten, sondern die relativen Beiträge – insofern ist Vorsicht die Mutter der Porzellankiste. Meiner Meinung nach wäre es überlegenswert, nicht nur Ökosteuern zur Finanzierung des ökologischen Grundeinkommens einzubeziehen. Es wurde schon erwähnt, dass die Vermögenden stärker zur Kasse gebeten werden müssten – hier wäre ein Weg. Damit die sozial schwächeren Mitglieder der Gesellschaft nicht zu hart von Ökosteuern getroffen werden, könnte beim Strom- oder Gasverbrauch eine Basisfreimenge gewährt werden – gegenfinanziert über einen höheren Preis für den darüber hinausgehenden Verbrauch.

Ob ein ökologisches Grundeinkommen funktioniert? Kann es finanziert werden? Und was machen die Menschen dann mit der geschenkten Zeit?

Wichtige Fragen, auf die niemand in unserer komplexen Gesellschaft eine sichere Antwort geben kann. Man müsste es ausprobieren – ein weiteres Beispiel für ein notwendiges Experiment.

Das ökologische Grundeinkommen wird noch nirgendwo ausprobiert. In bestimmten Ländern Europas laufen bzw. liefen allerdings Versuche mit verschiedenen anderen Varianten eines bedingungslosen Grundeinkommens, so beispielsweise in Finnland[141] und in den Niederlanden[142] – in diesen Ländern experimentiert der Staat mit. In Berlin versucht ein Verein, die Idee des Grundeinkommens nach vorne zu bringen. Er verlost ein Grundeinkommen von 1.000 Euro im Monat – ohne Bedingungen. Gesammelt wird das Geld per Crowdfunding. Immer wenn 12.000 Euro für ein 12-monatiges Grundeinkommen zusammenkommen, kann eine Verlosung starten. An dieser Verlosung können alle teilnehmen, die sich online auf der Website des Vereins registrieren.[143]

Nachhaltigkeit institutionalisieren

Zurück zum Staat. Dieser kann für einen Wandel noch mehr tun. *Wirkliche* Nachhaltigkeit könnte er zum Staatsziel erklären und in das Grundgesetz schreiben. Alle Handlungen und Pla-

---

141 Für das Experiment in Finnland waren 2.000 Arbeitslose im Alter zwischen 25 und 58 Jahren zufällig ausgewählt worden. Sie bekamen zwei Jahre lang 560 Euro im Monat, steuerfrei, ohne Auflagen zu erfüllen. Die 560 Euro entsprachen genau der Höhe des Arbeitslosengeldes. Die Bilanz des Experiments fiel gemischt aus: Die Menschen waren weniger gestresst, fühlten sich sicherer, schauten zuversichtlicher in die Zukunft. Sie fanden aber nicht besser oder schlechter eine Arbeit als all jene Arbeitslosen, die nur vom Staat abhängig waren.

142 In den Niederlanden arbeiteten die Universität Utrecht und die Regierung zusammen. Hier nahmen 250 arbeitslose Menschen am Experiment teil. Das Grundeinkommen betrug 960 Euro. Der Abschlussbericht des Experiments steht noch aus.

143 Mehr Infos unter: https://www.mein-grundeinkommen.de/.

nungen könnten unter den Verfassungsvorbehalt gestellt werden, dass nachfolgenden Generationen weder Lebensqualität noch Lebensgrundlagen geraubt werden dürfen.

Zielführend könnte z. B. eine grundsätzliche Biodiversitätsprüfung für alle neuen Gesetze, Verordnungen, Durchführungsbestimmungen und für sämtliche Subventionen und Wirtschaftsförderungsmaßnahmen sein. Es ist offensichtlich, dass Gesellschaften dauerhaft nur in einer stabilen Umwelt überleben können, und es ist ebenso offensichtlich, dass unser politisches System diesem langfristigen Überlebensziel bis jetzt nicht genug Rechnung trägt.[144]

Der Flächenfraß muss enden, auch hierbei muss der Staat in die Pflicht genommen werden. Der Bau von großflächigen Infrastrukturen, der mit Naturzerstörung und Bodenversiegelung einhergeht, gehört auf den Prüfstand. Wird dennoch gebaut, müssen im Gegenzug immer Ausgleichsflächen geschaffen werden oder versiegelte Flächen entsiegelt werden.

Für einen nachhaltigen Ressourcengebrauch

Jenseits von Flächen stellt sich die Frage, wie generell ein nachhaltiger Umgang mit Ressourcen bewerkstelligt werden kann.

Damit die Nutzung erneuerbarer Ressourcen nachhaltig ist, dürfen diese nur in einer Menge verbraucht werden, die kleiner oder gleich groß wie ihre natürliche Neubildungsrate ist. Man denke an einen Wald. Wenn die Bäume eines Waldes schneller gefällt werden als neue angepflanzt werden, hat es sich bald mit dem Wald erledigt.

---

144 Vgl. Busse, Tanja: Die Artenvielfalt stirbt – und wir schauen zu, S. 69, in: Blätter für deutsche und internationale Politik, 64. Jg., Nr. 11, 2019, S. 58–69.

Schwieriger verhält es sich mit nicht-erneuerbaren Ressourcen. Damit die Nutzung einer nicht-erneuerbaren Ressource nachhaltig ist, muss sie sich mit einer abnehmenden Rate vollziehen. Jene Abnahmerate muss größer oder gleich groß wie die Erschöpfungsrate[145] sein. Wird diese Regel umgesetzt, so reduziert sich die Abhängigkeit von einem Rohstoff bis zur Nichtigkeit, bevor dieser Rohstoff erschöpft ist.

Beispiel Erdöl, der Schmierstoff der Weltwirtschaft. Wenn die Erdölförderung um drei Prozent pro Jahr zurückgeht, aber der Verbrauch um fünf Prozent, gibt es keine Probleme. Ähnliches lässt sich für Kohle, Erdgas, Uran oder andere Ressourcen durchdenken. Die öffentliche Hand könnte entsprechende Vorgaben zur langfristigen Verbrauchsreduzierung machen.

Das Finanzkasino schließen

Langfristig brauchen wir eine andere Logik als die derzeit dominante des stetigen Wachstums und der fortwährenden Geldvermehrung. Kurzfristig haben wir es aber noch mit dem alten Paradigma zu tun. Kurzfristig brauchen wir so schnell wie möglich eine finanzielle Sanktionierung der Externalisierung sozialer und ökologischer Kosten, eine strikte Sozial- und Naturbindung des Eigentums in der Verfassung sowie eine Verlagerung der Steuern auf den Ressourcenverbrauch. Außerdem sollte der öffentliche Sektor gestärkt werden – er kann Nachhaltigkeitsziele einfacher verfolgen, weil er nicht dem Ziel der Gewinnmaximierung unterliegt.

---

145 Die Erschöpfungsrate ist die Menge, die in Prozent der noch abbaubaren Gesamtmenge in einem bestimmten Zeitraum abgebaut bzw. verbraucht werden kann. Als Zeitraum wird in der Regel ein Jahr angesetzt.

Auf überstaatlicher Ebene ist es meines Erachtens ferner unbedingt erforderlich, die Macht der Finanzmärkte zu brechen. Das bestehende Finanzsystem ist ein zentraler Wachstumstreiber. Wenn es nicht gelingt, die Finanzmärkte an die Kette zu legen, werden wir scheitern. Die Finanzströme sind extrem verwertungsorientiert und von den Stoffströmen größtenteils losgelöst. Sie gleichen Finanzkasinos. Eine nachhaltige Politik mit einem ökologischen Umbau der Wirtschaft wird damit ebenso unmöglich gemacht wie die notwendige Verminderung der Ungleichheit.

Wirtschaftswachstum erfordert eine zumindest proportionale Erhöhung der Geldmenge. Private wie staatliche Akteure müssen sich zunehmend verschulden.[146]

Bei dieser Verschuldung spielen die Geschäftsbanken eine zentrale Rolle – sie können (Giral-)Geld aus dem Nichts erschaffen.[147]

---

146 Der gesamte Vorgang ist recht kompliziert. In Kürze: Neues Geld kommt als Kredit auf die Welt. Das Ganze muss verzinst werden, was zu einem monetären Wachstumsdruck beiträgt. Schuldner brauchen nämlich mehr Geld als sie geliehen haben, weil sie nicht nur die geliehenen Beträge zurückzahlen, sondern auch für deren Zinsen aufkommen müssen. Auch wenn die Schuldner ihre alten Kredite durch neue ersetzen, sind sie auf zusätzliche Einnahmen für die Bezahlung der Zinsen angewiesen und müssen deshalb profitabel wirtschaften. Damit aber zumindest die Mehrheit der Wirtschaftsakteure Gewinne erzielen kann, muss die Geldmenge fortlaufend erweitert werden. Dabei entsteht eine Wachstumsdynamik, weil die Zunahme der zu verzinsenden Geldmenge einen monetären Wachstumsdruck auf die Realwirtschaft ausübt. Vgl. dazu Joób, Mark: Probleme des Geldsystems und die Notwendigkeit von Vollgeld. Online unter: https://www.heise.de/tp/features/ Probleme-des-Geldsystems-und-die-Notwendigkeit-von-Vollgeld -4711584.html [Stand: 3.5.2020].

147 Vgl. dazu sehr verständlich Schreyer, Paul: Wer regiert das Geld? Banken, Demokratie und Täuschung, Frankfurt am Main 2016.

Die Geldschöpfung gehört aber nicht in die Hände privater Banken. Letztere üben Macht aus, ohne dafür gewählt worden zu sein. Besser wäre eine demokratisch kontrollierte Instanz. In modernen Staaten gibt es drei Gewalten: die Legislative (Gesetzgebung), die Exekutive (Regierung, Verwaltung) und die Judikative (Rechtsprechung). Daneben könnte eine demokratisch kontrollierte Zentralbank zu einer vierten Gewalt aufgewertet werden – zur Monetative. Als solche hätte sie die Aufgabe, über die Währung und das Geld zu wachen, insbesondere alles Geld zu schöpfen und die Geldmenge unter Kontrolle zu behalten.[148]

Das allein reicht aber noch nicht, um das Finanzkasino zu schließen. Regulierungen und entsprechende Steuern sind ferner notwendig. Darüber hinaus erscheint eine umfassende, freilich unbedingt demokratisch legitimierte Vergesellschaftung[149] des Finanzsektors unausweichlich. Banken sollten der Gesellschaft dienen und auf die Funktionen zurückgeführt werden, die einen echten Nutzen haben. Ebenfalls scheint in diesem Zusammenhang eine Vergesellschaftung des Energiesektors sinnvoll zu sein. Eine Vergesellschaftung würde mit

---

148 Vgl. dazu auch https://www.monetative.de [Stand: 6.6.2020].

149 Was heißt das? Ein demokratisch gewähltes Gremium soll bestimmen, wie ein Unternehmen wirtschaften soll. Eine andere Logik kann durchgesetzt werden. Nicht die Profitrate sollte entscheidend sein, sondern ob eine Aktivität gesellschaftlich sinnvoll ist. Vergesellschaftung sollte nicht mit Verstaatlichung verwechselt werden. Bei einer Verstaatlichung gehört ein Betrieb dem Staat. Aber typischerweise entscheidet eine Planerbürokratie, wie das Unternehmen geführt werden soll. Die Allgemeinheit und die Beschäftigten haben nichts zu sagen. Bei einer Vergesellschaftung ist es anders. Es handelt sich um gesellschaftliches Eigentum. Es gibt eine gemeinsame Verfügungsgewalt der Allgemeinheit und/oder der Beschäftigten über die Produktionsmittel. Was mit dem gemeinsamen Eigentum passiert, legen (basis-)demokratische Entscheidungen fest.

einem Rückbau bestimmter Zweige der Energiewirtschaft (z. B. Kernenergie oder Kohle) einhergehen – und mit dem gleichzeitigen Aufbau einer erneuerbaren Energieinfrastruktur.

Das deutsche Grundgesetz erlaubt übrigens genau das. Artikel 15 führt aus: »Grund und Boden, Naturschätze und Produktionsmittel können zum Zwecke der Vergesellschaftung durch ein Gesetz, das Art und Ausmaß der Entschädigung regelt, in Gemeineigentum oder in andere Formen der Gemeinwirtschaft überführt werden.«

Apropos erneuerbare Energieinfrastruktur: Grüne Energien sollte niemand rosarot sehen. Ja, wir brauchen sie. Aber auch sie gehen zu Lasten der Umwelt und verbrauchen Ressourcen. Manche schaden auch den Menschen. Die Unterschiede sind jedoch enorm. Bei der Sonnen- und Windenergie sind die Nebenwirkungen die geringsten, ein Ausbau folglich an vielen Standorten sinnvoll. Bei Riesenstaudämmen, Biogasanlagen und Biosprit bin ich skeptisch, auch wenn fairerweise gesagt werden muss, dass jeder Fall eine kritische Prüfung verdient. Aus der Perspektive der Wachstumsrücknahme gilt zudem: Die beste Energie ist die, die erst gar nicht produziert werden muss. Nicht nur auf Energie-Effizienz, sondern auf Energie-Einsparung sollte der Fokus gelegt werden.

8. Anders essen, anders anbauen

Die im letzten Abschnitt erhobene Forderung nach Demokratisierung gilt nicht nur für Nationalstaaten, sondern auch für viele transnationale Organisationen wie den IWF, die Welthandelsorganisation (WTO) und die Weltbank-Gruppe. Auch bei der Europäischen Union und der Europäischen Zentralbank muss endlich (mehr) Demokratie Einzug halten. Alle globalen Probleme sind nur durch Verhandlungen auf supranationaler Ebene und durch globale Abkommen in den Griff zu bekommen. Notwendig sind mehr Kooperation und weniger Konkurrenz. Kooperationsfelder gäbe es genug. Denkbar wäre, um nur ein Beispiel zu nennen, ein gigantisches globales Wiederaufforstungsprogramm, das die Staatengemeinschaft beschließen könnte. Kombiniert mit einem globalen, wirklich wirksamen Waldschutzabkommen könnte so ein wichtiger Beitrag zur Bekämpfung des Klimawandels und des Artensterbens geleistet werden.

Zusammengenommen absorbieren die Böden, Pflanzen und die ozeanische Deckschicht jedes Jahr 16 Milliarden Tonnen CO_2. Die Menschheit stößt aber 40 Milliarden Tonnen aus – mit immer weiter wachsender Tendenz.[150]

Die natürliche Senkenwirkung der Wälder ließe sich durch den Erhalt der Waldfläche (1 bis 2 Mrd. Tonnen CO_2 pro Jahr),

---

150 Vgl. Augustin, Frank/Will, Tanja: Natur, Kapitalismus und das Neue – ein Gespräch mit Reinhard Loske, in: Agora 42, Nr. 2, 2019. Artikel auch online unter: https://agora42.de/reinhard-loske-natur/ [Stand: 6.6.2020].

die Wiederherstellung degradierter Wälder (1 bis 2 Mrd. Tonnen CO_2 pro Jahr) und die Wiederbewaldung (4 bis 5 Mrd. Tonnen CO_2 pro Jahr) mittelfristig um den Betrag von 6 bis 9 Mrd. Tonnen CO_2 pro Jahr steigern, folgert eine Studie der TU München. Aufwand des Ganzen: weniger als ein Prozent der jährlichen Weltwirtschaftsleistung. Die erforderliche Koordination könnte beispielsweise eine zu schaffende globale »Aufforstungsagentur« unter dem Dach der Vereinten Nationen übernehmen. Viele Staaten würden sie finanzieren.[151]

Wer Wiederaufforstung im großen Stil für nicht machbar hält, sollte nach China blicken.

Das Reich der Mitte hat in den vergangenen 25 Jahren mehrere 100.000 Quadratkilometer Wald wiederaufgeforstet. Ein Stichwort in diesem Zusammenhang lautet »Grüne Mauer« – es ist das größte Wiederaufforstungsprojekt weltweit.

Humus wiederaufbauen

Neben Bäumen könnte Humus einen großen Beitrag zur Verringerung von CO_2 in der Atmosphäre leisten.

Humus, auch »Mutterboden« genannt, ist von kaum zu überschätzender Bedeutung: Humus speichert und filtert Wasser, verhindert Überschwemmungen, versorgt die Pflanzen und klimatisiert das Land.[152] Die höchstens bis zu einem Meter

---

151 Vgl. Felbermeier, Bernhard et al.: Zur Machbarkeit eines weltweiten Aufforstungsprogramms. Eine Kurzstudie, Technische Universität München, April 2016. Online unter: https://www.forum-fuer-verantwortung.de/wp-content/uploads/2016/06/akt_mzn_wald optionen-kurzstudie.pdf [Stand: 25.4.2020].

152 Vgl. Schwinn, Florian: Rettet den Boden! Warum wir um das Leben unter unseren Füßen kämpfen müssen, Frankfurt am Main 2019, S. 17.

dicke Schicht sichert die Ernährung der Weltbevölkerung. Ist jener nährstoffreiche Oberboden erst einmal verloren, dauert es Ewigkeiten, bis er sich wieder neu gebildet hat.

Menschen haben zu allen Zeiten Boden zerstört, aber das heutige Ausmaß stellt alles Dagewesene deutlich in den Schatten. Konventionelle Landwirtschaft lässt – das zeigt die Empirie sehr deutlich – die Erosion weit über ihre natürliche Rate ansteigen.

Sie steht unter einem großen Wachstumsdruck. Für viele Landwirte heißt die Devise: »Wachse oder stirb!« Jener Wachstumsdruck ist der Bodengesundheit nicht förderlich.

Schätzungen des US-Landwirtschaftsministeriums zufolge dauert die Bildung von zweieinhalb Zentimetern Mutterboden im Durchschnitt 500 Jahre. Die konventionelle Landwirtschaft trägt den Boden aber in einem wesentlich höheren Tempo ab, durchschnittlich in einem Zeitraum von 40 Jahren.[153]

Soll die Welternährung auch künftig gesichert sein, muss der Humusabbau unbedingt gestoppt werden. Auch bei der Bekämpfung des Klimawandels kann Mutterboden einen wichtigen Beitrag leisten.

Humus besteht zu rund 58 Prozent aus Kohlenstoff, der aus dem Kohlendioxid der Luft stammt. Im Boden ist damit mehr als doppelt so viel Kohlenstoff enthalten wie in der Atmosphäre. Grünland ist meist 2- bis 4-mal humusreicher als Ackerland, weil die Humusbildung dort ungestörter verläuft und weniger Humusabbau verursacht wird.

Bereits geringe Veränderungen des Vorrates an organischem Kohlenstoff im Boden, sei es z. B. durch Landnutzungsänderungen oder Bewirtschaftungsmaßnahmen, können die CO_2-Konzentrationen in der Atmosphäre erheblich verändern.

---

153 Vgl. Montgomery, David: Dreck. Warum unsere Zivilisation den Boden unter den Füßen verliert, Schriftenreihe der Bundeszentrale für politische Bildung, Band 1142, Bonn 2011, S. 42 u. S. 311.

Die von Frankreich zur Pariser Klimakonferenz gestartete 4-Promille-Initiative sieht das genauso.[154] Sie verfolgt das Ziel eines globalen Wiederaufbaus von Mutterboden. Grundidee: Würde auf allen landwirtschaftlich genutzten Flächen dieser Erde in jedem Jahr nur vier Promille mehr Humus entstehen, könnte ein erheblicher Teil der jährlich vom Menschen verursachten Treibhausgasemissionen kompensiert werden.[155]

Agrarökologie

Einen Weg (nicht den einzigen, aber zweifellos einen interessanten), um Humus aufzubauen, beschreitet die sogenannte Agrarökologie. Popularisiert wurde diese Anbauweise in Europa vor allem durch Pierre Rabhi und durch José Lutzenberger sowie durch die internationale Kleinbauernbewegung La Via Campensina. Bei der Agrarökologie geht es nicht nur um eine Landwirtschaft, bei der Pflanzenreste recycelt und biologische Prozesse für den Anbau von Lebensmitteln nutzbar gemacht werden. Die Agrarökologie stellt eine bestimmte Sichtweise auf die Natur dar. In der Agrarökologie wird der Boden zusammen mit Pflanzen als Ökosystem verstanden, nicht als eine »Fabrik« oder als »Ressourcenlager«.

Um diese Sichtweise bildet sich eine wachsende soziale Bewegung, die den direkten Austausch von Informationen zwischen Bauern fördert. Als unabdingbar wird die Abkehr von der erdölbasierten Landwirtschaft betrachtet. Die Bodengesundheit soll erhalten und die Bodenerosion vermindert werden.[156]

---

154 Mehr Infos dazu gibt es unter: https://www.4p1000.org/.
155 Vgl. Schwinn, Florian: a. a. O., S. 17.
156 Vgl. Inkota-Netzwerk/Oxfam Deutschland/Misereor (Hg.): Besser anders, anders besser: Mit Agrarökologie die Ernährungswende

Eine Agrarwende ist unumgänglich. Die derzeit global praktizierte industrialisierte Landwirtschaft zerstört den Boden und die Wasserressourcen. Gleichzeitig beschleunigt sie den Abbau von fossilen Ressourcen und das Artensterben. Wir müssen weg von synthetischen Düngern und Pestiziden. Eine Agrarwende bedeutet nicht nur andere Anbau- bzw. Bewirtschaftungsmethoden des Bodens, sondern auch sehr viel stärker regional ausgerichtete Wirtschaftskreisläufe. Wir müssen uns auch von der Vorstellung verabschieden, dass wir bestimmte Obst- und Gemüsesorten zu jeder Jahreszeit essen können.[157] Schließlich brauchen wir eine Abkehr von der übermäßigen Produktion tierischer Lebensmittel, zumindest in den Industrieländern, weil die Herstellung rein pflanzlicher Lebensmittel weit weniger Wasser verbraucht und das Klima weniger belastet.

Die Agrarökologie vermeidet Chemikalien. Sie basiert auf lokal produziertem Dünger. Viele Böden sind nährstoffarm und stark degradiert. Nährstoffe können dem Boden aber nicht nur durch den Einsatz von Mineraldünger zugefügt werden, sondern auch mit Tierdung oder durch Gründüngung.[158]

Im Kern wird in der Agrarökologie versucht, Landwirtschaft aus der Ökosystemperspektive zu betrachten und zu betreiben, so dass dort ähnliche Kräfte wirken können wie bei der Bildung und Selbsterhaltung natürlicher Ökosysteme. Im Ökosystem Boden spielen dabei die Anzahl und vor allem die Vielfalt der Lebewesen im Boden eine entscheidende Rolle.

---

gestalten, Aachen/Berlin 2016, S. 6. Online unter: https://www.mis ereor.de/fileadmin/publikationen/broschuere-agraroekologie.pdf [Stand: 15.2.2020].

157 Das gilt für frisches Obst und Gemüse. Getrocknetes und eingemachtes Obst und Gemüse könnte man natürlich auch weiterhin genießen.

158 Vgl. Inkota-Netzwerk/Oxfam Deutschland/Misereor (Hg.): a. a. O., S. 7.

Im weltweiten Durchschnitt enthalten ökologisch bewirtschaftete Böden 3,5 Tonnen Kohlenstoff pro Hektar mehr als nicht ökologisch bewirtschaftete Böden. Auch der Humusaufbau ist in der ökologischen Landwirtschaft meist deutlich erhöht. Aufgrund der höheren Biodiversität und der höheren Anzahl von Lebewesen verarbeiten ökologisch bewirtschaftete Böden Pflanzenreste besser als Böden, die regelmäßig wie bei der konventionellen Landwirtschaft mit Pestiziden in Kontakt kommen.[159] Mit Blick auf das Ziel einer nachhaltigen Entwicklung haben agrarökologische gegenüber konventionellen Anbauweisen also einen klaren Vorteil.

Und die Erträge? Nach Angaben von Olivier De Schutter, dem UN-Sonderbeauftragten für das Recht auf Nahrung, würde eine Umstellung der konventionellen Landwirtschaft auf Agrarökologie eine Verdopplung der Produktivität nach sich ziehen – die Erträge könnten sich damit auch verdoppeln.[160] Die Agrarökologie ist also keinesfalls schlechter als die industrielle Landwirtschaft. Zur Wahrheit gehört aber auch: Agrarökologische Methoden sind im Vergleich zur konventionellen Landwirtschaft, die auf dem massiven Input teurer Produkte von Konzernen basiert, wissens- und arbeitsintensiver. Sie bie-

---

159 Vgl. ebenda, S. 15.
160 Vgl. De Schutter, Olivier: Agroecology and the Right to Food, UN Human Rights Council, Bericht des UN-Sonderberichterstatters für das Recht auf Nahrung, 2010. Online unter: http://www2. ohchr.org/english/issues/food/docs/A-HRC-16-49.pdf [Stand: 7.6.2020]. Siehe dazu auch: De Schutter, Olivier: The transformative potential of the right to food, UN Human Rights Council, Bericht des UN-Sonderberichterstatters für das Recht auf Nahrung, Final Report, 2014. Online unter: http://www.srfood.org/images/ stories/pdf/officialreports/20140310_finalreport_en.pdf [Stand: 7.6.2020].

ten damit aber auch ein enormes Potenzial für Beschäftigung im ländlichen Raum.[161]

Solidarische Landwirtschaft

Wie agrarökologisch konkret gearbeitet werden kann, zeigt das Beispiel der Solidarischen Landwirtschaft (SoLaWi). Hier arbeiten Menschen aus einer Region zusammen. Sie tragen gemeinsam die Kosten und die Risiken eines landwirtschaftlichen Betriebes. Durch Mitgliedsbeiträge finanziert die Gemeinschaft alles, was für eine agrarökologische Lebensmittelerzeugung erforderlich ist – ausgehend vom Saatgut über Werkzeuge und Pachtkosten bis hin zum Lohn der Gärtner. Alle Mitglieder einer SoLaWi-Vereinigung sind dazu eingeladen, selbst anzupacken, egal ob bei der Aussaat, beim Jäten oder bei der Ernte. Entscheidungen werden basisdemokratisch getroffen. Im Regelfall erhalten die Mitglieder den gleichen Ernteanteil.

SoLaWi-Gruppierungen bewirtschaften Land jenseits von Wachstums-, Effizienz- und Konkurrenzzwängen. Das tut Tieren, Pflanzen und den Böden gut. In Deutschland gibt es knapp 200 solcher Gemeinschaften, die ihre Lebensmittel kooperativ herstellen und verteilen.[162] Bekanntere Vereinigungen aus dem SoLaWi-Spektrum finden sich in Freiburg (Garten-

---

161 Vgl. Heubuch, Maria: Agrarökologie als Leitbild für Landwirtschafts- und Lebensmittelpolitik. Eine Begriffsklärung, S. 40, in: AgrarBündnis e.V. (Hg.): Der kritische Agrarbericht 2018, Schwerpunkt: »Globalisierung gestalten«, Hamm 2018, S. 39–44.
162 Vgl. I.L.A. Kollektiv (Hg.): a. a. O., S. 33–34.

Coop Freiburg[163]), in München (Kartoffelkombinat[164]) oder in Mainz (SoLaWi Mainz[165]).

FoodCoops

Kooperativ arbeiten auch sogenannte FoodCoops.[166] Ihr Ziel: Lebensmittel im Kollektiv einkaufen. Aber nicht irgendwelche. Ökologisch nachhaltig und solidarisch sollen diese sein. Food-Coops sind Zusammenschlüsse von Einzelpersonen, die sich um den Kauf, die Lagerung und die Verteilung von Nahrungs-mitteln kümmern. Die Einkaufsgemeinschaften beziehen ihre Lebensmittel meistens von kleinen Höfen in ihrer Umgebung. Sie umgehen den Zwischen- und Einzelhandel. Dadurch sind die Lebensmittel nicht teurer, sondern oft sogar kostengünsti-ger. Davon können wiederum Menschen mit einem schmalen Geldbeutel profitieren.[167] Etwa 90 Einkaufsgemeinschaften gibt es deutschlandweit, so etwa in Bonn, Münster, Potsdam, Stutt-gart oder Dresden.[168]

Nachhaltig einkaufen

Nachhaltig einkaufen lässt sich auch jenseits von FoodCoops, die es an vielen Orten noch nicht gibt. Das Angebot ist in den letzten Jahren deutlich gewachsen und inzwischen riesig. Die

---

163 Mehr Infos unter: https://www.gartencoop.org/tunsel/.
164 Mehr Infos unter: https://www.kartoffelkombinat.de/.
165 Mehr Infos unter: https://solawi-mainz.de/.
166 Mehr Infos unter: http://www.foodcoops.de/.
167 Vgl. I.L.A. Kollektiv (Hg.): a. a. O., S. 35.
168 Siehe für eine Auflistung: http://foodcoopedia.de.fcoop.org/wiki/
Kategorie:Foodcoops.

größte Auswahl an nachhaltigen Produkten findet sich in der Regel im Biomarkt. Aber auch Wochenmärkte und Hofläden halten ein großes Angebot bereit. Hofläden sind kleine Läden, die direkt an einen landwirtschaftlichen Betrieb angeschlossen sind. Dort gibt es saisonale Produkte aus der Region, ganz ohne Zwischenhandel. »Eine-Welt-Läden« (auch »Weltläden« genannt) bieten ebenfalls ein interessantes Angebot – sie sind spezialisiert auf Produkte des Fairen Handels.

Einen regelrechten Boom verzeichneten in den letzten Jahren sogenannte Unverpacktläden. Sie verkaufen Lebensmittel ohne (Plastik-)Verpackung. Die Kunden bringen die Behältnisse selber mit – Klassiker sind das Obstnetz, der Jutebeutel oder Tupperdosen. Viele der Produkte werden in Gläsern bzw. in großen, an die Wand montierten Spendern, sogenannten »Bulk Bins«, aufbewahrt. Die Kunden füllen die gerade benötigte Menge selbst ab. In Unverpacktläden gibt es aber nicht nur Lebensmittel, sondern oft auch Seife, Shampoo oder Spülmittel – all das wird in Mehrwegbehältern nach Hause getragen.

Unverpacktläden sind eng mit den Ideen der Zero-Waste-Bewegung verbunden. Diese junge Bewegung hat sich das Ziel gesetzt, den Anteil von nicht-verwertbarem Restmüll auf nahezu null zu senken. Die Bewegung orientiert sich stark an fünf Prinzipien, 5 R's genannt:

- **Refuse:** Alles ablehnen, was nicht notwendig ist. Keine überflüssigen Shoppingtrips, keine Flyer, keine Werbepost. Produkte mit umfassenden Verpackungen werden boykottiert.
- **Reduce:** Den Konsum auf das reduzieren, was nötig ist. Dazu gehört auch das Aussortieren und das Ausmisten von nicht mehr benötigten Gütern.
- **Reuse:** Wiederverwendbare Produkte wie Kaffeebecher, Wasserflaschen oder Jutebeutel benutzen.

- **Recycle:** Das, was man nicht ablehnen, reduzieren oder wiederbenutzen kann, sollte recycelbar sein.
- **Rot:** Alles kompostieren, was übrig bleibt – ob Kaffeesatz, Bananenschalen oder Küchenabfälle.

Ein Antrieb der Bewegung ist die Unzufriedenheit mit der Politik, die es bisher nicht geschafft hat, den ausufernden Verpackungsmüll zu beschränken. Gegen das Scheitern der Politik »von oben« organisieren sich Menschen einmal mehr »von unten«.[169]

Ernährungsräte

Druck von unten versuchen auch Ernährungsräte zu erzeugen. Sie suchen nach Lösungen für lokale Ernährungsprobleme. Ein Ernährungsrat ist eine Plattform im Ernährungssystem. Er bündelt die Interessen von allen, die an der lokalen bzw. regionalen Lebensmittelversorgung beteiligt sind. Involviert sind u. a. lokale Bauernhöfe, aber auch Essensretter, Slow-Food-Aktivisten, Tafelunterstützer und Bürger, die in Gemeinschaftsgärten Nahrung anbauen – von Landwirten bis zu Lebensmittelentsorgern sind vielfältige Akteure vertreten. Das Ziel der Ernährungsräte besteht nicht nur darin, verschiedene Akteure zu vernetzen, sondern auch die Kontrolle über Lebensmittel wiederzuerlangen. Über Lebensmittel wird meist in fernen Konzernzentralen entschieden.

Ernährungsräte sind ein Akt der Selbstermächtigung. Sie möchten mitentscheiden, woher unser Essen kommt und wie

---

169 Ein guter Überblick zur Zero-Waste-Bewegung findet sich bei Olga Witt: Ein Leben ohne Müll: Mein Weg mit Zero Waste, Marburg 2017.

es produziert wird. Das Essen soll saisonal, regional und ökologisch nachhaltig erzeugt werden.

Lokale Erzeuger sollen gestärkt und kurze Wege gefördert werden – Lebensmittel aus dem Umland sollen sofort in die Städte gelangen.[170]

Was machen Ernährungsräte nun konkret? Das kann sehr unterschiedlich sein. Manche Räte initiieren Gemeinschaftsgärten in den verschiedenen Vierteln einer Stadt. Andere sorgen sich um gesundes Essen für Schulkinder – sie stellen dann den Kontakt zwischen regionalen Landwirten und Schulkantinen her. Wiederum andere Räte etablieren in ihrem Ort einen Regionalmarkt für Erzeuger aus der Umgebung. Es gibt sehr viele mögliche Aktivitäten und Tätigkeitsfelder.

In Deutschland sind die Ernährungsräte noch eine relativ neue Erscheinung. Der erste Ernährungsrat entstand 1982 in Knoxville im US-Bundesstaat Tennessee. In der kanadischen Stadt Toronto sorgte der dortige Ernährungsrat (im Englischen »Food Policy Council«) für positive internationale Schlagzeilen. In Toronto wurde ein Grüngürtel mit Ackerland geschaffen für die lokale Lebensmittelproduktion. Auf über 700.000 Hektar Land konnten 5.500 landwirtschaftliche Betriebe erhalten oder neu angesiedelt werden, meist Familienbetriebe.

Bekannte Ernährungsräte in Europa haben sich in Brighton, in Bristol und in Rotterdam gebildet. In Deutschland steckt vieles noch in den Kinderschuhen. Die ersten Ernährungsräte hierzulande wurden in Berlin und Köln gegründet, später folgten auch u. a. Gründungen in Frankfurt am Main, in Dresden und in Oldenburg.[171] Dieser Trend dürfte sich auch in diesem gerade begonnenen neuen Jahrzehnt weiter fortsetzen.

---

170 Vgl. o. V.: Ernährungsrat: Die Wende beginnt vor Ort! Online unter: http://ernaehrungsraete.de/ernaehrungsrat-idee-ueberblick/ [Stand: 29.2.2020].

171 Mehr Infos unter: www.ernaehrungsraete.de.

9. Andere Logiken durchsetzen

Repair-Cafés, Umsonst- und Unverpacktläden sowie solidarisches Gärtnern lösen mit Sicherheit nicht alle Probleme dieser Welt. Gleichwohl sind sie wichtig, denn hier kann sich Widerstand und Protest gegen ökonomische Ordnungen formen. Und ein anderes Denken entfalten.

In einer Lebensweise, die auf Geld und Lohnarbeit ausgerichtet ist, ist es kaum verwunderlich, dass die Frage nach einer Welt, die nicht von Geld bestimmt ist, vielen Menschen weltfremd und abgehoben, ja sogar absurd erscheint. Menschen schaffen ihre Realität aus Vorstellungen von Normalität, alltäglichen Handlungen und materiellen Infrastrukturen.[172]

Ich halte es daher, wie schon erwähnt, für sinnvoll und notwendig, überall eine andere Logik als die kapitalistische zu etablieren. Wenn wir uns den Kapitalismus als Zaun vorstellen, so sollten wir versuchen, möglichst viele Löcher in diesen Zaun hineinzuschneiden.

John Jordan, der Mitbegründer der britischen Gruppe »Reclaim the Streets«, bezeichnet »Widerstand und Alternativen« als den »DNA-Doppelstrang des sozialen Wandels«.[173] Eins ohne das andere sei sinnlos.

Der finanzmarktgetriebene Kapitalismus ist ein extremer Kapitalismus. Er frisst sich in alle Lebensbereiche und lehnt alles ab, was umsonst ist. Überlegungen zum Aufbau einer Gra-

---

172 Vgl. I.L.A. Kollektiv (Hg.): a. a. O., S. 91.
173 Zitiert nach: Moore, Jason W./Patel, Raj: Entwertung. Eine Geschichte der Welt in sieben billigen Dingen, Berlin 2018, S. 272.

tiskultur finde ich deshalb spannend.[174] Was gratis ist, hat keinen Warencharakter und kann nicht verkauft werden. Wenn mehr Dinge keinen Preis haben, schwächt das den Kapitalismus. Es könnte ein Hebel zur Veränderung sein. Die Finanzierung von Gratisgütern könnte zum Beispiel dadurch gewährleistet werden, dass eine Höchsteinkommensgrenze eingeführt wird. Alles, was über diesem demokratisch festgelegten Maximaleinkommen läge, würde wegbesteuert.

Vorzüge von Gemeingütern

»Commons«, im Deutschen »Gemeingüter« genannt, stehen ebenfalls für eine andere Logik. Commons sind materielle und soziale Güter, Dienstleistungen oder auch Ressourcen, die gemeinschaftlich erzeugt, erhalten und genutzt werden.[175] Exklusives und uneingeschränktes Privateigentum ist bei Commons ausgeschlossen. Commons stehen für die Ablehnung der Sicht des Menschen als *Homo oeconomicus*. Das weltweit bekannteste Beispiel aus diesem Bereich ist Wikipedia. Das Online-Lexikon ist kostenlos, aber dank seiner engagierten Nutzer extrem umfangreich.

Commons sind heute vielfach bedroht: Traditionelle Gemeingüter wie universitäres Wissen oder Saatgut drohen durch Urheberrechte oder Patente in die Domäne des Privaten überführt zu werden. Man denke dabei an bestimmte Praktiken von Saatgutkonzernen oder Pharmaunternehmen. Sie versuchen, biologische Ressourcen und traditionelles Wissen patentieren zu lassen – Kritiker sprechen von »Biopiraterie«.

---

174 So etwa bei Paul Ariès: La simplicité volontaire contre le mythe de l'abondance, Paris 2012, S. 222.

175 Vgl. I.L.A. Kollektiv (Hg.): a. a. O., S. 67 und S. 102.

Es gibt sehr unterschiedliche Gemeingüter. Sie werden aber immer von einer Gemeinschaft genutzt und von einem Regelwerk umrahmt, das in einem selbstorganisierten Prozess von den Nutzern geschaffen wurde.

Ein gutes Beispiel für ein solches Regelwerk stellt die »Open-Source-Bewegung« dar. Diese entwickelt und optimiert u. a. Software ohne den üblichen Geheim- und Patentschutz. Tausende Menschen auf der ganzen Welt arbeiten über Sprach- und Ländergrenzen dazu zusammen – und haben auch noch Spaß dabei. OpenOffice, Mozilla Firefox oder Linux gehören zu den bekannten Software-Anwendungen aus diesem Bereich. Daneben gibt es »Open-Source-Hardware«. Das heißt: Bau- und Reparaturanleitungen für Geräte aller Art werden frei zur Verfügung gestellt. Die Zahl der weltweit interessanten Initiativen ist kaum zu überblicken. So gibt es verschiedene Solarprojekte, die Menschen in abgelegenen Entwicklungsländern günstige Selbstbau-Solarsysteme an die Hand geben wollen. Diese benötigen dann kein Feuerholz mehr, um kochen oder heizen zu können. Ebenso entwickeln Open-Source-Aktivisten frei verfügbare Bauanleitungen für 3D-Drucker, Landmaschinen oder Laborgeräte. Es gibt wenig, was es nicht gibt. Wer sich einen Überblick verschaffen möchte, kann die Suchmaschine für nachhaltige Open-Source-Hardware https://oho.wiki/ nutzen. Die Plattform wurde von der TU Berlin mitentwickelt.

Kostenloser Nahverkehr

Die Idee eines kostenlosen öffentlichen Transports passt ebenfalls prima zu diesen Überlegungen einer anderen Logik. ÖPNV gratis? »Das geht nicht!«, werden viele spontan denken. Geht aber doch. In ganz Europa bieten schon mehr als 50 Städte einen kostenlosen ÖPNV an.[176] Beispiel Dünkirchen in Nordfrankreich: 2015 führte die Stadt, die etwa 200.000 Einwohner zählt, den kostenlosen öffentlichen Nahverkehr probeweise am Wochenende ein. Die Erfahrungen waren positiv. Zum 1. September 2018 wurde der ÖPNV für alle Tage kostenlos. Die Nutzung des ÖPNV stieg im ersten Jahr (d. h. zwischen dem 1.9.2018 und dem 31.8.2019) um 85 Prozent. Die meisten der neuen Nutzer waren (ehemalige) Autofahrer. Der Autoverkehr wurde deutlich vermindert. Es gab weniger Staus und die Lebensqualität in der Stadt stieg. Gleichzeitig nahm die Zahl der Sachbeschädigungen in den Bussen deutlich ab. Busfahrer werden nicht mehr überfallen, weil keine Kasse an Bord mehr ausgeraubt werden kann. Alles in allem ist Dünkirchen mit seinem Gratis-ÖPNV erfolgreich, wie auch eine mehr als 200 Seiten umfassende Studie feststellt.[177]

Natürlich: Mit den Begriffen »gratis« oder »kostenlos« sollte man behutsam umgehen. Denn Kosten fallen für den Betreiber immer an. Im Falle von Dünkirchen entgehen der Stadtkasse 4,5 Millionen Euro Einnahmen pro Jahr. Geld, das bisher durch den Verkauf von Bustickets in die Kasse des Betreibers gespült wurde.

In Dünkirchen wie auch anderswo decken die Ticketverkäufe nur einen Teil der Gesamtkosten ab – den Rest muss die öffentliche Hand ohnehin zuschießen. Wie hoch der Zuschuss

---

176 Die bekannteste und auch größte europäische Stadt, die einen kostenlosen ÖPNV anbietet, ist Tallinn, die Hauptstadt von Estland. Dort ist der öffentliche Transport für die Stadtbewohner kostenlos, wenn sie sich registrieren und zwei Euro für eine sogenannte »Green card« zahlen. Für Touristen ist der ÖPNV allerdings weiterhin kostenpflichtig.

177 Vgl. Observatoire des villes du transport gratuit (Hg.): Le nouveau réseau de transport gratuit à Dunkerque, Dünkirchen 2019. Online unter: https://www.wizodo.fr/photos_contenu/doc-28d84e88 b62278b031fb2c7f3a818caa.pdf [Stand: 7.6.2020].

ist, hängt stark von der Region ab. Die Unterschiede zwischen Stadt und Land sind enorm.[178]

Um die Mehrbelastung des kostenlosen ÖPNV für den städtischen Haushalt zu stemmen, verzichtete Dünkirchen auf den Bau einer geplanten Sportarena, die für große kommerzielle Sportspektakel vorgesehen war.[179]

Der kostenlose ÖPNV ist auch ein Beitrag zur sozialen Gerechtigkeit. Im Raum Dünkirchen ist die Arbeitslosigkeit relativ hoch und die Durchschnittseinkommen sind vergleichsweise niedrig. Viele Menschen können sich kein Auto leisten.

Dünkirchen ist übrigens nicht die einzige französische Stadt, die einen kostenlosen Nahverkehr anbietet. Gap, Colomiers, Castres, Compiègne und Vitré befördern ihre Bürger ebenfalls kostenlos.

Im Großherzogtum Luxemburg ist seit dem 29. Februar 2020 der ÖPNV des ganzen Landes kostenfrei.[180] Das Großherzogtum ist das erste Land der Welt, welches diesen Weg be-

---

178 Der Kostendeckungsgrad durch den Ticketverkauf lag in Dünkirchen nur bei zehn Prozent. Ländliche Regionen können oft nur 5 bis 25 Prozent ihrer Ausgaben durch den Verkauf von Tickets decken. In großen Städten und Ballungsräumen ist der Kostendeckungsgrad wesentlich höher und bewegt sich häufig im Bereich zwischen 70 und 90 Prozent.

179 Vgl. dazu o. V.: Gratuité des bus à Dunkerque: »Du pouvoir d'achat, un droit à la mobilité pour tous, et un enjeu environnemental«. Online unter: https://www.francetvinfo.fr/economie/transports/gratuite-des-bus-a-dunkerque-du-pouvoir-d-achat-un-droit-a-la-mobilite-pour-tous-et-un-enjeu-environnemental_2920893.html [Stand: 7.6.2020]. Vgl. dazu auch: Vincendon, Sibylle: A Dunkerque, les transports gratuits, ça paye. Artikel online unter: http://www.liberation.fr/france/2018/09/04/a-dunkerque-les-transports-gratuits-ca-paye_1676590 [Stand: 7.6.2020].

180 Ausgenommen sind lediglich Fahrten in der 1. Klasse der luxemburgischen Bahn sowie bestimmte Nachtfahrten. Ganz kostenfrei im strengen Sinne ist das Ganze natürlich nicht. Bisher nahm der

schreitet. Kostenlose Fahrten sollen aber nicht der einzige Anreiz sein, das Auto stehenzulassen – gleichzeitig soll massiv in die Bus- und Bahninfrastruktur investiert werden. So will Luxemburg das dichteste Busnetz Europas schaffen. Die Regierung unter der Führung von Premierminister Xavier Bettel hofft mit ihrer neuen Mobilitätsstrategie, die Verkehrsemissionen und die Zahl der Staus deutlich verringern zu können. Mit Staus hat das kleine Land ein großes Problem: Nirgendwo sonst in Europa gibt es so viele Autos pro Kopf. Jeden Tag überqueren mehr als 200.000 Menschen aus Frankreich, Belgien und Deutschland die Grenze, um in Luxemburg zur Arbeit zu fahren – das ist rund die Hälfte der Arbeitskräfte.

Zu bedenken ist: ÖPNV ist nicht gleich ÖPNV. Kostenlose Busse und Bahnen können für kleinstädtische oder für ländliche Gebiete eine interessante Alternative sein. Dort sind Bus und Bahn vielfach gähnend leer. In Großstädten sieht die Situation oft anders aus: Dort wird der ÖPNV rege genutzt. Nicht selten operieren die Verkehrsbetriebe schon an ihrer Kapazitätsgrenze. Eine Erhöhung des Fahrgastaufkommens durch den Anreiz »Es ist kostenlos« könnte ohne gewaltige Investitionen in die Infrastruktur sogar kontraproduktiv wirken.

Schließlich: Es ist keinesfalls der Preis allein, der Menschen zu Bus- und Bahnfahrern werden lässt. Mindestens genauso wichtig sind Taktzeiten, das Streckenangebot, die Entfernung zur nächsten Haltestelle oder Parkgebühren für Autos in

---

luxemburgische ÖPNV 41 Mio. Euro durch Ticketverkäufe ein. Das waren 8 Prozent der jährlichen Gesamtkosten, die sich auf mehr als 500 Mio. Euro belaufen. Jene 41 Mio. Euro fehlen der öffentlichen Hand nun in der Kasse.

Städten. Nur wenn der ÖPNV im Vergleich zum Individualverkehr attraktiver wird, steigen Menschen um.[181]

Über Mobilität nachdenken

Wahrscheinlich müssen wir noch einmal ganz grundsätzlich darüber nachdenken, ob und welche Mobilität wir wollen. Und vor allem: ob wir Automobilität wollen. Autos sind, über einen Zeitraum von mehreren Jahrzehnten betrachtet, immer schwerer geworden. Das ist verrückt: Man setzt durchschnittlich 1,5 Tonnen rollendes Blech ein, um allzu oft nur eine Person von 75 kg zu transportieren. Der öffentliche Raum wurde durch den Autoverkehr schwer geschädigt. Merkbar ist das vor allem in den Städten: überall Beton, Lärm und Abgase. Schlimmer noch: Weltweit sterben 1,2 Millionen Menschen bei Verkehrsunfällen. Verletzt werden jedes Jahr zwischen zwanzig und fünfzig Millionen Menschen.[182]

Es war auch mal anders: Im Jahr 1950 wurde 65 Prozent der Mobilität durch den öffentlichen Verkehr abgedeckt. Heute liegt dieser Wert bei 17 bis 18 Prozent.

Es bedarf nicht primär einer technologischen Erneuerung des bestehenden autodominierten Individualverkehrs, sondern einer umfassenden Mobilitätswende. Deren Ziel sollte es sein,

---

181 Vgl. Berger, Jens: Lassen Sie uns doch mal über Verkehr reden – Teil 1: Kostenloser ÖPNV? Online unter: https://www.nachdenk seiten.de/?p=50643 [Stand: 7.6.2020].

182 Vgl. dazu o. V.: »Autofahren ist schlimmer als eine Sucht« – Interview mit Hermann Knoflacher, Deutschlandfunk, 11.11.2017. Online unter: http://www.deutschlandfunkkultur.de/auto-und-mensch-autofahren-ist-schlimmer-als-eine-sucht.990.de.html?dram:article_id=400367 [Stand: 15.2.2020].

den öffentlichen und schienengebundenen Verkehr zu stärken und das Verkehrsaufkommen radikal zu verringern.[183]

Fahrradinfrastruktur ausbauen

Eine bessere Fahrradinfrastruktur kann bei diesem Ziel helfen. Das Fahrrad ist wahrscheinlich das am meisten unterschätzte Verkehrsmittel. Dabei taugt es zum ultimativen urbanen Transportmittel: Es produziert 0 Gramm CO_2, Feinstaub oder Stickoxide, ist sehr leise und braucht wenig Platz.

Dem Fahrrad kommt für die kurzen und mittleren Wege (2 bis 7 km) sowie als Zubringer zum öffentlichen Verkehr eine Schlüsselfunktion zu.

Derzeit werden dem Fahrrad ca. 3 Prozent der Verkehrsflächen zugebilligt, während für das Auto ca. 60 Prozent der Flächen verbraucht werden.[184]

Der Radverkehr braucht ein zusammenhängendes Netz an eigenständiger Radinfrastruktur. Nur dann ist es möglich, dass Menschen jeden Alters entspannt, sicher und zügig an ihr Ziel kommen. Der internationale Trend heißt »geschützte Radfahrstreifen«. Es gibt viele Menschen, die Rad fahren möchten, sich jedoch bisher nicht trauen, da die Radwege oft unsicher oder nicht vorhanden sind. Gegen diese berechtigten Ängste helfen geschützte Radfahrstreifen – diese Radwege sind vom restli-

---

183 Vgl. Brunnengräber, Achim/Haas, Tobias: Die falschen Verheißungen der E-Mobilität, S. 24, in: Blätter für deutsche und internationale Politik, 62. Jg., Nr. 6, 2017, S. 21–24.

184 Diese Angaben stammen von der Initiative »Aufbruch Fahrrad« (www.aufbruch-fahrrad.de).

chen (Auto-)Verkehr getrennt.[185] Für mehr Sicherheit von Radfahrern (und ebenfalls von Fußgängern) kann auch Tempo 30 innerhalb von Ortschaften sorgen.

Benötigt werden aber nicht nur besser gesicherte Radwege. Wichtig ist es auch, dass diese im Winter vorrangig vom Schnee geräumt werden. Hilfreich auch: die Schaffung von Fahrradabstellplätzen im öffentlichen Raum sowie die kostenlose Fahrradmitnahme in Bus und Bahn.

Geschützter Radfahrstreifen in Lodi (Italien)/
Lastenrad in Amsterdam

Urheber: Arbalete, Wikimedia Commons, Creative Commons Attribution-Share Alike 3.0 Unported

Bildquelle: https://upload.wikimedia.org/wikipedia/commons/7/78/Lodi_-_via_Nino_Dall%E2%80%99Oro_-_pista_ciclabile.jpg [Stand: 25.5.2020]

Urheber: Workcycles, Wikimedia Commons, Creative Commons Attribution-ShareAlike 3.0

Bildquelle: https://upload.wikimedia.org/wikipedia/en/1/18/WorkCycles-Cargobike-delivery.JPG [Stand: 25.5.2020]

---

185 Vgl. dazu Allgemeiner Deutscher Fahrrad-Club (Hg.): Positionspapier »Geschützte Radfahrstreifen«, Berlin 2018. Online unter: https://www.adfc.de/fileadmin/user_upload/Im-Alltag/Radverkehrsgestaltung/Download/Positionspapier_geschuetzte_Radfahrstreifen.pdf [Stand: 23.5.2020].

Eine finanzielle Förderung von Lastenrädern könnte ebenfalls sinnvoll sein. Lastenräder (vor allem als E-Bikes) besitzen ein enormes Potenzial, um in den Innenstädten einen beträchtlichen Teil des Wirtschaftsverkehrs leise und umweltschonend abzuwickeln. Studien gehen davon aus, dass bis zu 50 Prozent des städtischen Wirtschaftsverkehrs auf Lastenräder verlagert werden könnte. Bei den Auto-Kurierfahrten könnten in urbanen Teilräumen sogar 85 Prozent durch elektrisch unterstützte Fahrräder ersetzt werden.[186]

Keine Frage: Eine gute Radinfrastruktur kostet Geld. Doch der Gewinn an Lebensqualität liegt auf der Hand. Es wirkt sich positiv auf Wohlbefinden und Gesundheit aus. Durch mehr Bewegung wird das Gesundheitssystem entlastet. Hinzu kommt der Rückgang schwerer Verkehrsunfälle. Auch der Unterhalt von Fahrradwegen ist deutlich günstiger als der von Autostraßen. Langfristig wird also Geld gespart.

Die Chancen für eine Renaissance des Fahrrades stehen günstig. Verantwortlich ist die Coronakrise. Die Pendlerströme reduzierten sich deutlich, weil viele Menschen zuhause arbeiteten. Fahrradwege sollen vielerorts die Überlastung des öffentlichen Verkehrs verringern helfen. Zahlreiche Großstädte, wie etwa London, Paris, Mailand oder Berlin, wiesen zusätzliche Radwege aus und nahmen den Autofahrern dafür Platz weg.

---

186 Vgl. Allgemeiner Deutscher Fahrrad-Club (Hg.): Deutschland braucht die Verkehrswende. Und die Verkehrswende braucht das Fahrrad. Jetzt! Berlin 2016. Online unter: https://www.adfc.de/file admin/user_upload/Im-Alltag/Radverkehrsfoerderung/Download /Verkehrspolitische_Forderungen_des_ADFC_an_den_Bund_ 2017_-_2021_web.pdf [Stand: 23.5.2020].

Städte – warum nicht autofrei?

Was wäre aber, wenn den Autofahrern der gesamte Platz genommen würde? Autofreie Städte sind eine andere Option, die im Autoland Deutschland derzeit nur schwer vorstellbar erscheint. Doch es gibt sie – Städte, die genau diesen Weg eingeschlagen haben. Das vielleicht prominenteste Beispiel ist die nordspanische Stadt Pontevedra. Aus dieser Stadt mit 82.000 Einwohnern wurde 1999 der Autoverkehr verbannt. Fast gänzlich. Ausnahmen: Hochzeitsautos, Leichenwagen und Notarztwagen sowie Lieferwagen dürfen in die Stadt. Mit Ausnahme von Rettungswagen gilt überall Tempo 30. Fußgänger haben immer Vorrang. Und Fußgänger sind es auch, die das Stadtzentrum dominieren. Und die Autos? Rund um das Zentrum schuf die Stadt 15.000 Parkplätze für Autos, von denen die meisten gratis sind. Lohn der Bemühungen: Die CO_2-Emissionen sanken seit 1999 um 67 Prozent. Verkehrstote gibt es nicht mehr. Die Lebensqualität in der Innenstadt stieg. 12.000 Einwohner gewann die Stadt seit 1999 hinzu. Fairerweise muss natürlich angemerkt werden, dass das Konzept der autofreien Stadt Pontevedra auch deshalb gut funktioniert, weil sich die Innenstadt auf eine überschaubare Fläche erstreckt. 25 Minuten braucht man, um zu Fuß die Stadt zu durchqueren.

Ein anderes erfolgreiches Beispiel für eine erfolgreiche nahezu autofreie Modellstadt ist Houten in den Niederlanden. Hier ist das Fahrrad das dominante Verkehrsmittel. Es gibt hervorragende Fahrradwege (wie übrigens in den gesamten Niederlanden). Wo immer Autos und Fahrräder aufeinandertreffen, müssen sich die wenigen Pkw-Fahrer unterordnen. Für Autos gibt es wie schon in Pontevedra vor den Toren der knapp 50.000 Einwohner zählenden Stadt umfangreiche und günstige Parkmöglichkeiten.

Einen etwas anderen Weg ging Gent in Ostflandern. In der 260.000 Einwohner zählenden Stadt ist seit April 2017 die historische Innenstadt autofrei. Hier dürfen Fahrzeuge des öffentlichen Nahverkehrs, sprich Busse und Straßenbahnen, allerdings in die Stadt, ansonsten ist das nur Autos der Not- und Hilfsdienste gestattet sowie Lieferanten mit einer entsprechenden Genehmigung. Fußgänger haben überall Vorrang. Mobilitätscoaches helfen Anwohnern und Auswärtigen, ihren Weg zu finden, und ein ausgeklügeltes System für Zulassungen und Genehmigungen sorgt auch dafür, dass dem Mittelstand und dem Handel keine Nachteile entstehen sollen.

Zugegeben: Damit deutsche Kommunen diesen drei Beispielen folgen, ist noch viel Überzeugungsarbeit notwendig. Städte, die sich Autofreiheit gar nicht vorstellen können, könnten zum Einstieg einmal im Jahr einen autofreien Sonntag ausrichten. Einige Städte in Deutschland tun schon genau dies. Die Stadt Hannover richtet beispielsweise jährlich ein Klimafest aus. An diesem Tag ist der Innenbereich der Stadt für den motorisierten Individualverkehr gesperrt. Unterschiedliche Aktionen zu den Themen Klimaschutz, erneuerbare Energien, innovative Mobilitätskonzepte und nachhaltige Lebensstile werden angeboten. Der Effekt für die Nachhaltigkeit ist natürlich sehr begrenzt. Doch die psychologische Wirkung ist hier entscheidend. Denn es entsteht Raum für akustische und ästhetische Erfahrungen, wenn die Stadtbewohner einmal im Jahr auf den Straßen skaten, spazieren und flanieren können. Das zeigt den Menschen: So positiv könnte es sein, wenn wir etwas verändern.[187]

---

[187] Vgl. BUND (Hg.): Kommunale Suffizienzpolitik. Strategische Perspektiven für Städte, Länder und Bund, Kurzstudie des Wuppertal Instituts für Klima, Umwelt und Energie, Berlin 2016, S. 26–27.

10. In Freiheit Grenzen setzen

Grenzen. Ein Begriff, der in unseren Ohren ganz und gar negativ klingt. Auch diesen Begriff sollten wir reflektieren. Grenzen sind nicht nur etwas Einschränkendes, sondern auch die Voraussetzung dafür, dass alle Menschen ein gutes, auskömmliches Leben haben können. Wir müssen uns daher selbst Grenzen setzen. Ganz bewusst, ganz demokratisch. Ja: Freiheit für alle braucht Grenzen, die demokratisch verhandelt werden.

Beispiel Tempolimit: Auf Autobahnen ist ein solches ausgesprochen sinnvoll. Je schneller ein Auto unterwegs ist, desto höher fällt der Kraftstoffverbrauch aus – und desto mehr Kohlendioxid wird in die Luft gepustet. Es gilt: Geringere Geschwindigkeit gleich geringerer Luftwiderstand gleich geringerer Verbrauch. Im Jahr 2018 verursachten Pkw und leichte Nutzfahrzeuge auf Bundesautobahnen in Deutschland Treibhausgasemissionen in Höhe von rund 39,1 Millionen Tonnen Kohlendioxid-Äquivalenten. Berechnungen des Umweltbundesamts zufolge würde ein Tempolimit auf deutschen Autobahnen den Ausstoß von Treibhausgasen deutlich vermindern. Eine Höchstgeschwindigkeit von 120 Kilometern pro Stunde würde demnach sofort und ohne Mehrkosten 2,6 Millionen Tonnen CO_2 vermeiden, ein Tempolimit von 130 noch 1,9 Millionen Tonnen. 5,4 Millionen Tonnen CO_2 ließen sich sparen, wenn höchstens 100 Kilometer pro Stunde erlaubt wären.[188]

---

188 Vgl. Umweltbundesamt (Hg.): Klimaschutz durch Tempolimit. Wirkung eines generellen Tempolimits auf Bundesautobahnen auf die Treibhausgasemissionen, Texte 38/2020, Dessau/Roßlau 2020,

Würde ein Tempolimit von 100 Kilometern pro Stunde umgesetzt werden, könnten Fahrzeuge deutlich leichter konstruiert werden, weil im Falle eines Unfalls deutlich weniger Bewegungsenergie aufzufangen wäre.[189] Leichtere Fahrzeuge würden wiederum weniger verbrauchen und weniger Ressourcen benötigen.

Kommerzielle Werbung einschränken

Beispiel Werbung: Diese ist, zumindest in der kommerziellen Form, in vielerlei Hinsicht schädlich. Werbung verteuert Güter (für deren Erwerb man unnötig mehr arbeiten muss). Medikamente sind beispielsweise durch die Marketingausgaben im Durchschnitt etwa 33 bis 50 Prozent teurer als sie ohne die Werbeausgaben wären.[190]

Der griechische Philosoph Epiktet wusste schon: »Nicht die Vermehrung der Habe, sondern die Verringerung der Wünsche ist der rettende Weg!«

Wir sind täglich durchschnittlich 3.000 Werbekontakten ausgesetzt. Ein Kind sieht im Fernsehen jedes Jahr 20.000

S. 10. Online unter: https://www.umweltbundesamt.de/sites/default/files/medien/1410/publikationen/2020-03-12_texte_38-20 20_wirkung-tempolimit_bf.pdf [Stand: 18.5.2020].

189 Rein physikalisch betrachtet verwandelt sich die Bewegungsenergie des Autos bei einem Unfall in Verformungsenergie. Doch die Naturgesetze bestrafen Schnellfahrer mit einer Exponentialfunktion: Wer mit doppeltem Tempo aufprallt, hat es mit der vierfachen Zerstörungsenergie zu tun. Deshalb bedeutet z. B. Tempo 80 beim Aufprall gegenüber Tempo 64 beim üblichen Euro NCAP Crashtest das Anderthalbfache an zerstörerischer Energie.

190 Vgl. Kreiß, Christian: Werbung – nein danke. Warum wir ohne Werbung viel besser leben könnten, München 2016, S. 41.

bis 40.000 Werbespots.[191] Dadurch wird nicht nur eine Wegwerfmentalität geschürt. Mehr noch: Es ist schwierig, eine nicht wachstums- und konsumfokussierte Lebensweise zu praktizieren, wenn man fortwährend mit Werbebotschaften bombardiert wird, die einem einhämmern, dass der Kaufakt der Schlüssel zu Glück und Anerkennung ist. Der in einer endlichen Welt ständig beworbene Konsum befördert bei den Menschen Selbstzweifel, Unzufriedenheit und das Gefühl, nicht zu genügen.[192] »Zufriedene sind das Unglück der Werbung«, sagte dazu einst der Wirtschaftswissenschaftler Helmar Nahr.[193]

Das alles ist schlichtweg inkompatibel mit einer zukünftigen solidarischen Gesellschaft.

Der Staat sollte kommerzielle Werbung deshalb verbieten oder zumindest deutlich einschränken.[194] Das klingt nach einer radikalen Forderung. Viele werden denken: »Das ist Ökodiktatur!« Aber nein, das sind klassische ordnungspolitische, ja sogar ur-liberale Fragen.

Liberale Klassiker wie Adam Smith oder John Locke, die gegen den Absolutismus zu Felde zogen, wussten: Freiheit ist immer von Zielkonflikten begleitet. Es gibt nicht die eine Freiheit. Der Plural ist wichtig: Es gibt Freiheiten, und die können sich widersprechen und in Konflikt geraten. Liberale Politik hieß, individuelle Freiheiten dann zu beschränken, wenn andere Freiheiten über Gebühr verletzt werden. Dazu bedarf es der Güterabwägung.

---

191 Vgl. dazu o. V.: »Eine unverantwortliche Verschwendung!« – Gespräch mit Christian Kreiß, S. 27, in: ÖkologiePolitik. Das ÖDP-Journal, Nr. 159, Juni 2013, S. 24–27.

192 Vgl. I.L.A. Kollektiv (Hg.): a. a. O., S. 92.

193 Zitiert nach: Binswanger, Mathias: Der Wachstumszwang, a. a. O., S. 192.

194 Eine Beschränkung wäre möglich, indem die Mehrwertsteuer auf Werbeaktivitäten stufenweise deutlich angehoben würde.

Jede vernünftige Gesellschaft sorgt durch kollektiv verbindliche Regeln dafür, dass Lebensmöglichkeiten von Menschen nicht eingeschränkt werden durch die Freiheitsbedürfnisse anderer. Das bringt es mit sich, dass gewisse schädliche Techniken (Asbest, bleihaltiges Benzin, ineffiziente Glühbirnen) verboten sind. Unter Drogen darf niemand Auto fahren. Kinder dürfen keinen Alkohol trinken. Schusswaffen sind nicht frei verfügbar und können folglich nicht im Supermarkt gekauft werden. Andere Dinge sind bewilligungspflichtig (z. B. Medikamente verschreiben). Es ist vollkommen vernünftig, Technik und Verhaltensweisen zu verbieten, die mehr Freiheiten vernichten als schaffen. Solche Verbote sind legitim, wenn sie demokratisch getroffen werden.[195]

Zurück zum Werbeverbot: In Schweden gibt es übrigens schon ein solches, jedenfalls für Kinder unter zwölf Jahren. Der französische Autor François Brune hat mit Recht angemerkt, dass die Werbung die kulturelle Waffe der herrschenden ökonomischen Wachstumsordnung sei – und gleichzeitig die ökonomische Waffe einer kulturell dominanten Ordnung.[196]

Das erkennen immer mehr Menschen. Die französische Stadt Grenoble hat sich vor einiger Zeit von den kommunalen Werbeflächen verabschiedet. Konkret heißt das: Alle Werbetafeln verschwinden. Dort, wo sie standen, werden Bäume gepflanzt. Und manche freigewordenen Flächen werden durch lokale Kultur- und Sozialorganisationen völlig neugestaltet. Die Einnahmeverluste im Stadtsäckel durch den Werbeverzicht sind zu verschmerzen. Was zählt, ist die Steigerung der Lebensqualität und die Rückgewinnung des öffentlichen Raums.

---

195 Vgl. Hänggi, Marcel: Fortschrittsgeschichten. Für einen guten Umgang mit Technik, Frankfurt am Main 2015, S. 235.
196 Vgl. Brune, François: Le bonheur conforme, Paris 1985, S. 201.

Bevölkerungswachstum einhegen

Nochmals: Es gibt kein Recht auf einen Lebensstil, der anderen Menschen schadet. Daher ist es wichtig, Grenzen zu setzen. Hilfreich wären Grenzen für den Handel mit Gütern mit einem hohen ökologischen Fußabdruck. SUV und andere automobile Spritschlucker könnten beispielsweise verboten, Flugreisen und Kreuzfahrten drastisch verteuert werden. Grenzen sollte es auch – und das ist ein ausgesprochen heißes Eisen – für das Wachstum der Weltbevölkerung geben. Die Debatte um eine vermeintliche Bevölkerungsexplosion gleicht einem Minenfeld. Es wird mit dem ausgestreckten Zeigefinger auf Afrikaner und Asiaten gezeigt, die angeblich mehr Kinder haben als sie ernähren können. Wie ich in »Adieu, Wachstum!« allerdings gezeigt habe, verdient das heikle Thema einen differenzierten Umgang. Das Konsumniveau ist das größere Problem. Seit 1970 hat sich die Weltbevölkerung mehr als verdoppelt, der Konsum ist aber um mehr als das Zehnfache angestiegen.[197]

Provokant gefragt: Welches Baby wird in seinem Leben viel stärker Umwelt und Ressourcen belasten? Ein US-amerikanisches oder ein afrikanisches? Und was ist, wenn der materielle Verbrauch eines US-amerikanischen Säuglings mit drei, fünf oder sieben afrikanischen verglichen wird?

Natürlich kann man solche Vergleiche und Aufrechnungen für fragwürdig halten, zumal Kinder ja sehr viel mehr sind als fleischgewordener Materialverbrauch.

Unbestritten ist: Der Material- und Ressourcenverbrauch ist gerade im reichen Westen zu hoch. Der ausgestreckte Zeigefinger in Richtung der Entwicklungsländer ist kaum berechtigt.

---

197 Vgl. Trapp, Wiebke: Club of Rome: »Wir brauchen eine neue Aufklärung« – Gespräch mit Ernst-Ulrich von Weizsäcker. Online unter: http://www.tageblatt.lu/headlines/club-of-rome-wir-brauchen-eine-neue-aufklaerung/?reduced=true [Stand: 14.2.2020].

Richtig ist aber auch, dass nirgendwo die Bevölkerung schrankenlos wachsen sollte. Die ökologische Tragfähigkeit der Erde ist nun einmal begrenzt.

Weltweit lässt sich beobachten, dass mit einem steigenden Wohlstand das Bevölkerungswachstum zwar abnimmt, aber diese Wachstumsbremse wirkt nur langsam. Flankierende Maßnahmen zur Eindämmung des Bevölkerungswachstums erscheinen aus einer ökologischen Perspektive deshalb sinnvoll.

Bei manchen Lesern dürfte sich nun die Assoziationskette »China«, »Ein-Kind-Politik« und »Zwang« im Kopf einnisten. Das ist nicht der Weg, den freie Menschen gehen möchten. Und diesen Weg sollten wir auch nicht gehen. In freien Gesellschaften gilt der Grundsatz der »reproduktiven Autonomie«.[198]

Andere Länder haben es geschafft, ihr Bevölkerungswachstum einzudämmen, ohne zu radikalen Zwangsmaßnahmen zu greifen. Ein solches erfolgreiches Land, das sein Bevölkerungswachstum unter Kontrolle gebracht hat, ist der Iran.

Der Iran? »Das ist doch diese rückständige Theokratie, in der die Ayatollahs regieren«, denken nun viele. Ausgerechnet dieser Staat?

Fakt ist: Der Iran hat es geschafft, seine Geburtenrate deutlich zu reduzieren. Das Land hat eine der niedrigste Geburtenraten im Nahen und Mittleren Osten. Es gehört außerdem weltweit zu den Ländern mit einer besonders niedrigen Reproduktionsziffer. In einem Zeitraum von etwa 25 Jahren sank die durchschnittliche Kinderzahl je Frau von 6,9 Kindern auf 1,7,

---

198 Gemeint ist, dass Personen selbstbestimmt über die Belange des eigenen Lebens und des eigenen Körpers – auch was die Fortpflanzung anbelangt – entscheiden können. Das gehört zu den grundlegenden Persönlichkeitsrechten und ist mittlerweile in vielen Menschenrechtsdokumenten und staatlichen Verfassungen verbrieft. Vgl. dazu auch Bleisch, Barbara/Büchler, Andrea: Kinder wollen. Über Autonomie und Verantwortung. München 2020.

was den Wert einiger EU-Mitgliedsstaaten wie Irland, Frankreich und Großbritannien unterschreitet.[199]

Das alles wurde mit der Hilfe eines Bündels von freiwilligen Maßnahmen erreicht. Ja, richtig gelesen: freiwillige Maßnahmen. Der Iran initiierte Programme zur Familienplanung, organisierte Kurse über alle Fragen der Empfängnisverhütung und setzte vor allem auf eines: Bildung für die Frauen. Der Iran investierte massiv in Alphabetisierung und Schulung. Und er steckte viel Geld in seine Infrastruktur. Heute verfügt jedes Dorf im Iran über ein Gesundheitshaus, das mit zwei von den Dorfbewohnern selbst ausgewählten Gesundheitspflegern besetzt ist. Im Gesundheitshaus gibt es Angebote für Impfungen und zur Empfängnisverhütung. Kondome, Antibabypillen, Pessare, Impfstoffe und Vasektomien sind kostenlos. Außerdem leistet das Gesundheitshaus Hilfe bei der Geburt. Ergebnis: Die Kinder- und Müttersterblichkeit sank auf ein westeuropäisches Niveau. Demografen in aller Welt rieben sich verwundert die Augen.[200]

Das Beispiel des Irans zeigt: Es gibt bessere Wege als den chinesischen. Auch das darf uns einen Moment mit Zuversicht erfüllen.

---

199 Vgl. Schack, Ramon: Iran: Bevölkerungswachstum und Bildungspolitik. Online unter: https://www.heise.de/tp/features/Iran-Bevoelkerungswachstum-und-Bildungspolitik-3397726.html?view =print [Stand: 9.4.2020].

200 Vgl. dazu Weisman, Alan: Countdown. Hat die Erde eine Zukunft?, München 2013, S. 322–333.

11. Träumen – und gleichzeitig für eine bessere Welt kämpfen

Vielen Menschen in den Entwicklungsländern müssen die hier vorgetragenen Überlegungen von Suffizienz, von eingeschränkten Erwartungen und Abschied vom Wachstum als (ein weiterer) Versuch der Industrieländer vorkommen, die armen Länder unten zu halten. Die Deutung, dass die ökologischen Bedenken der Industrieländer nicht viel mehr als der Versuch sind, ihren Reichtum weiterhin unter sich aufzuteilen, ist sogar recht naheliegend.

Und es stimmt: Solange die Rohstoffe für unsere Smartphones und SUVs aus den armen Ländern kommen, solange unsere T-Shirts und Jeanshosen unter erbärmlichen Bedingungen weit weg von uns in den globalen Ausbeutungsfabriken hergestellt werden, solange unser Durst nach Biosprit den Regenwald in Indonesien und anderswo zerstört, haben wir kein Recht, anderen Menschen Vorträge darüber zu halten, wie sie ihre Gesellschaft und Wirtschaft zu organisieren haben.

Mehr noch: Da die reichen Länder in erster Linie die Schuld für die globalen Umweltprobleme tragen und da es ausgerechnet die armen Länder sind, die die Hauptlasten zu tragen haben werden, ist eine besondere Verantwortung des Westens gegeben.

Daneben gibt es einen Aspekt, den kein anderer Denker unserer Tage so klar formuliert hat wie Noam Chomsky. Er hält uns Menschen in den Industriestaaten für privilegiert. Seine einfache Losung lautet: »Privilegien verpflichten.« Dazu führt

Chomsky aus: »Wir haben Bildung, Ausbildung, Ressourcen, Möglichkeiten (...), das heißt, wir haben auch sehr viel mehr Verantwortung als Menschen, denen diese Möglichkeiten fehlen.«[201]

Soziale Kämpfe und Freiheiten

Wir sollten uns klarmachen, dass wir in einer antagonistischen Gesellschaft leben – mit unterschiedlichen Klassen und mit unterschiedlichen Interessen. Diejenigen, die oben sind, wollen dortbleiben. Sie werden von ihren Privilegien nichts abgeben. Nicht, weil andere die besseren Argumente haben. Nicht, weil sie einsichtig sind. Ohne soziale Kämpfe wird es nicht gehen. Freiheiten mussten in der Vergangenheit immer erkämpft werden.

Auch heute sind viele Menschen unterwegs, um für ihre Rechte und eine bessere Zukunft zu kämpfen. Netzwerke und Bündnisse wie *Fridays for Future*, *Extinction Rebellion*, *Ende Gelände* oder *Stay Grounded* sind nur einige Beispiele für eine Zivilgesellschaft in Bewegung. Auch das sollte uns Mut machen.

Die Geschichte zeigt, dass sie sich in dem Moment zu verändern beginnt, in dem Menschen anfangen, für Veränderungen zu arbeiten und zu kämpfen.

---

201 Dwyer, Bernie: Corporate journalism – Noam Chomsky interviewed by Bernie Dwyer, Radio Havana, 23. Oktober 2003. Der transkribierte Interviewtext findet sich online unter: http://www.chomsky.info/interviews/20031028.htm [Stand: 15.2.2020].

Der große US-amerikanische Sozialhistoriker Howard Zinn (1922–2010) hat diesen Sachverhalt in grandiose Worte gefasst:

»Wo immer es Fortschritte gab, wo immer irgendeine Art von Ungerechtigkeit beseitigt wurde, geschah das, weil Bürger gehandelt haben, nicht als Politiker. Sie haben nicht einfach gejammert. Sie haben gearbeitet, sie haben gehandelt, sie haben sich organisiert, und sie haben, wenn nötig, Krawall gemacht, um ihre Lage den Mächtigen zum Bewusstsein zu bringen. Und genau das müssen wir auch heute tun. Einige Leute werden dann vielleicht sagen: ,Naja, und was erwartet ihr?‘
Und die Antwort ist, dass wir eine Menge erwarten.
Manche Leute sagen: ,Wie, seid ihr vielleicht Träumer?‘
Und die Antwort ist: ,Ja, wir sind Träumer. Wir wollen alles.‘«[202]

Vorstellungen verändern

»Es ist inzwischen einfacher, sich das Ende der Welt vorzustellen als das Ende des Kapitalismus«, stellte einst der amerikanische Kulturtheoretiker Fredric Jameson fest.

Machen wir uns klar: Jede neue gesellschaftliche Formation wächst in der alten heran.

Der Kapitalismus ist nicht ewig. 99 Prozent der Geschichte der Menschheit waren nicht-kapitalistisch. Den meisten Menschen fehlt freilich dieses Bewusstsein, weil wir erst seit kurzer Zeit auf diesem Planeten zu Gast sind (und noch dazu ein sehr kurzes historisches Gedächtnis haben).

---

202 Zitiert nach: Ruggiero, Greg: Einleitung zur amerikanischen Ausgabe, in: Chomsky, Noam: Occupy!, Unrast transparent, Bewegungslehre, Band 3, Münster 2012, S. 17.

Und: Geschichte von gesellschaftlichen Veränderungen ist immer auch Geschichte des Unerwarteten, ja sogar des Unmöglichen, das dennoch geschieht.[203] Alles, was von Menschen geschaffen wurde, kann auch von Menschen verändert werden. Es ist eine Frage des politischen Willens.

Angesichts der Globalisierung, in der weltweit der allmächtige Markt triumphiert, gilt es eine Gesellschaft zu konzipieren und zu realisieren, in der nicht länger ökonomische Werte im Mittelpunkt stehen und die Wirtschaft nicht länger als höchstes Ziel betrachtet wird, sondern in der auf deren Funktion im Dienst des Menschen verwiesen wird. Wir müssen die wilde Jagd nach immer mehr Gütern, die wir vielleicht doch nicht brauchen und die nur eine Egostütze sind, beenden.

Dabei geht es, wie Serge Latouche richtig festgestellt hat, um nichts Geringeres als um die Dekolonisation der Vorstellungen und die Deökonomisierung des Denkens, damit wir die Welt von Grund auf verändern können, bevor sie uns zu einer schmerzhaften Veränderung zwingt. Der erste Schritt besteht darin, die Dinge anders zu sehen, damit sie anders werden können. Damit wirklich kreative, innovative Lösungen entwickelt werden können.[204]

Notwendig ist somit nicht nur eine andere Ökonomie, sondern auch eine andere Wissenschaft von der Ökonomie. Die moderne, neoliberal dominierte Wirtschaftswissenschaft, die Ökonomik, setzt heute stark auf mathematische Modelle. Daran ist an sich nichts auszusetzen. Aber: Die Mathematik dient bisweilen dazu, der Ökonomik einen scheinobjektiven, nicht interessenabhängigen und ideologiefreien Anstrich zu vermitteln.

Was noch schlimmer ist: Die Ökonomik hat ihren Blickwinkel in den letzten vier Jahrzehnten immer enger gefasst und

---

203 Vgl. Moore, Jason W./Patel, Raj: Entwertung, a. a. O., S. 272.
204 Vgl. Latouche, Serge: Survivre au développement, Paris 2004, S. 115.

die Philosophie sowie die Geschichte aus ihrem Untersuchungsfeld verdrängt. Sie ist heute aphilosophisch und ahistorisch.

Anders als viele ihrer Vertreter Glauben machen, ist sie keine Universalwissenschaft.

Und dennoch: In praktisch allen Wissenschafts- und Lebensbereichen haben in den letzten Jahrzehnten kalte ökonomische Kalküle im Gewand scheinbar wissenschaftlich verbriefter Objektivität Einzug gehalten. Man könnte sagen, dass die anderen Sozialwissenschaften von der Ökonomik kolonialisiert worden sind.

Ökonomen haben eine Erklärung für (fast) jedes Phänomen – egal, ob es um Übergewicht, Schwangerschaftsabbrüche, Steuerhinterziehung, populäre Baby-Vornamen oder Sportwetten geht. Die alles erklärende Lehre erklärt in Wirklichkeit aber kaum etwas. Die Mainstream-Ökonomik war beispielsweise außerstande, die Wirtschafts- und Finanzkrisen in den letzten Jahrzehnten vorauszusehen.

Marktgesetze sind eben keine Naturgesetze. Die Ökonomik hat zweifellos ihre Berechtigung, aber sie sollte wieder auf ihren ursprünglichen Platz verwiesen werden.[205] Sie ist legitim in ihrem Fachbereich, aber ihre Perspektive wie auch ihre Aussagekraft in vielen anderen Gebieten ist begrenzt.

Wissenschaft bedeutet für mich vor allem eines: Fragen aus einer offenen Geisteshaltung zu stellen. Gerade an den deutschsprachigen Hochschulen und Universitäten erforschen und erarbeiten nur wenige Ökonomen Alternativen zur konventionellen Wachstumsvorstellung.

Jean-Baptiste Say gehört zu den Klassikern in der Geschichte der Wirtschaftstheorie. Er schrieb im Jahr 1803: »Die natürlichen Ressourcen sind unerschöpflich, weil wir sie sonst

---

205 Vgl. Les convivialistes (Hg.): Manifeste convivialiste. Déclaration d'interdépendance, Lormont 2013, S. 22.

nicht kostenlos erhalten würden. Und da sie weder vermehrt noch erschöpft werden können, sind sie nicht Gegenstand der Wirtschaftswissenschaften.«[206]

Dieses Diktum ist auch mehr als 200 Jahre später in der Mainstream-Ökonomik irgendwie immer noch gültig. Der Mainstream hält an wachstumsorientierten Lehrbüchern fest, die wie aus der Zeit gefallen sind.

Die Mainstream-Ökonomik betrachtet ihren Untersuchungsbereich, die Wirtschaft, im Wesentlichen als ein finanzielles System, dessen Lebensäußerungen in Euro, Dollar oder Pfund gemessen werden.

Der Alternativ-Ökonom Charles Hall bezeichnet die vorherrschende Wirtschaftswissenschaft als »Kartenhaus«. Sie stehe in Konflikt mit grundlegenden physikalischen Gesetzen. Hall wörtlich: »Die gesamte Disziplin ist auf Sand gebaut.«[207]

Mit einer Ökonomik aus dem letzten Jahrhundert, die die Natur als Gratis-Rohstofflager betrachtet, ist das neue Jahrhundert nicht zu meistern. Es gilt, eine Postwachstumsökonomik zu entwickeln, die darauf abzielt, Expansionszwänge zu überwinden. Unbedingt notwendig dazu ist eine Neudefinition von Wohlstand.

Wahrscheinlich können wir manches vom kleinen Königreich Bhutan lernen. Dort hat man das Bruttosozialprodukt über Bord geworfen und das »Bruttosozialglück« zum Staatsziel erklärt. Ziel ist nicht die größtmögliche Wirtschaftsleistung, sondern die größtmögliche Lebenszufriedenheit der Menschen. Das Bruttosozialglück beruht auf vier Grundpfeilern: auf dem

---

206 Say, Jean-Baptiste: Traité d'économie politique, Paris 1803.
207 Taggart, Adam: Dr. Charles Hall: The Laws Of Nature. Trump Economics – Transkript eines Interviews mit Charles Hall, 5. März 2018. Online unter: https://www.peakprosperity.com/podcast/113 808/dr-charles-hall-laws-nature-trump-economics [Stand: 7.6.2020].

Schutz der Umwelt, auf der Bewahrung der kulturellen Werte, auf einer alle Menschen einschließenden wirtschaftlichen und sozialen Entwicklung sowie auf einer guten Regierung. Eine Kommission, die *Gross National Happiness Commission*, bemüht sich um die Messung des Bruttosozialglücks. Dazu befragt sie die Bürger Bhutans regelmäßig zu ihrer Zufriedenheit in neun Bereichen.[208]

Auch der Ansatz der sogenannten Stiglitz-Sen-Fitoussi-Kommission ist in diesem Zusammenhang ein interessanter Schritt.[209] Jene französische Kommission unter der Leitung des US-amerikanischen Wirtschaftswissenschaftlers Joseph Stiglitz hat die Entwicklung alternativer Kennzahlen zur Wohlstandsmessung vorgeschlagen. Die Arbeit der Kommission hat eine internationale Debatte angestoßen. Unterschieden wird im Abschlussbericht des Wissenschaftsrates zwischen einer Beurteilung des aktuellen Wohlergehens und einer Beurteilung der Nachhaltigkeit. Aktuelles Wohlergehen umfasst materielle Werte wie Einkommen, Konsum und Vermögen wie auch immaterielle Werte wie Freizeit, soziale Bindungen, Umweltqualität und politische Mitsprache.[210]

---

208 Diese Bereiche sind: 1) Einkommen und Sicherheit des Arbeitsplatzes, 2) Wohnung, 3) Bildung, 4) Zustand der Umwelt, 5) Kulturelle Vielfalt und Teilnahme an der Kultur, 6) Lebendigkeit der Gemeinschaft, 7) Verfügbarkeit und Einstellung zur Zeit, 8) Geistiges und psychisches Wohlbefinden, 9) Die gute Regierung. Diese neun Bereiche sind ihrerseits in 72 Unterbereiche unterteilt.

209 Siehe dazu Stiglitz, Joseph et al. (Hg.): Report by the Commission on the Measurement of Economic Performance and Social Progress, Paris 2009. Online unter: https://ec.europa.eu/eurostat/docu ments/118025/118123/Fitoussi+Commission+report [Stand: 15.2.2020].

210 Vgl. Jochimsen, Beate: Wohlstand messen, S. 21, in: Aus Politik und Zeitgeschichte, 62. Jg., 27–28/2012, S. 19–23.

Wirklich neu ist das alles nicht. Alternative Wohlstandsindikatoren gibt es übrigens schon seit längerer Zeit, aber sie fristen ein Nischendasein. Der *Genuine Progress Indicator* ist ebenso eine ernstzunehmende Alternative zum BIP wie der *Happy Planet Index* (HPI) der britischen *New Economics Foundation* oder der *Better-Life-Index* der OECD. Wir brauchen eine breite gesellschaftliche Debatte, wie Wohlstand künftig gemessen werden soll. Die Frage der Messung ist keine unwichtige, denn sie definiert letztes Endes politisches Handeln.

Andere Werte vermitteln – schon in der Schule

Natürlich kann der Hebel nicht nur im Bereich der universitären Ökonomik angesetzt werden, sondern schon viel früher – in den Schulen. Viele Schulen drillen ihren Nachwuchs heute auf Konkurrenz, auf Überleben im Wettbewerb. Messbar wächst der Leistungsdruck auf Schüler, Studierende und Lehrende – es gibt immer mehr Fälle von Burnout. Wenn der Zug in die falsche Richtung fährt, bringt es nicht viel, langsamer zu fahren. Man muss anhalten. Späteres Einschulen, Abschaffung von Schulnoten, radikale Reduzierung von Leistungsdruck, selbstgesetzte Themen statt Auswendiglernen wären nur einige notwendige Reformschritte, um Schule in Zukunft anders zu gestalten.

Gewiss sollte an den Schulen anders unterrichtet werden. Der Bildungskahlschlag hat an vielen Schulen dazu geführt, dass Fächer wie Philosophie, Ethik, Religion, Musik oder Kunst gestrichen oder marginalisiert wurden. Es heißt oft, es seien »Laberfächer« und damit für Schüler keine gute Investition, um eines Tages auf dem Arbeitsmarkt bestehen zu können.[211] Wenn in die Bildung des Menschen nicht investiert wird, weil er ein Mensch ist, sondern weil er verwertbar sein soll, dann widerspricht das fundamentalen Errungenschaften und Übereinkünften unserer Kultur: dass nämlich der Mensch ein Menschenrecht auf Bildung hat – so steht es in Art. 26 der Allgemeinen Erklärung der Menschenrechte der Vereinten Nationen geschrieben. Die Idee, dass Menschen vernunftbegabt und sich durch Bildung entwickeln können, kommt aus der Zeit der Aufklärung.

Die Aufklärung sollten wir nicht über Bord werfen – wir brauchen sie! Das gilt auch für Fächer wie Philosophie, Ethik, Religion, Musik oder Kunst – diese sind für das geistig-seelische Wachstum, für die Herzensbildung von jungen Menschen von großer Bedeutung.

Neben der Erhaltung wertvoller traditioneller Fächer darf auch über die Einführung neuer Fächer nachgedacht werden. Bildung für nachhaltige Entwicklung gehört in alle Lehrpläne, vielleicht auch neue Schulfächer wie »Glück« oder »Empathie«. An manchen Schulen werden solche neuen Fächer auch schon unterrichtet, im Regelfall als Wahlfächer.

Dänemark ist schon weiter: Dort ist Empathie in jeder dänischen *Folkeskole* (Volksschule) ein Pflichtfach – das übrigens seit 1993 schon. In die *Folkeskole* gehen Mädchen und Jungen zwischen 6 und 16 Jahren. Es ist also eine Gesamtschule. Eine Stunde pro Woche haben die Schüler Zeit, miteinander über ihre Gefühle und Probleme zu sprechen. Der Unterricht baut darauf auf, Kinder gezielt in Situationen zu bringen, in denen sie Empathie entwickeln können. So wird jedes Kind darum gebeten, über seine Probleme zu sprechen, während die Klas-

---

211 Vgl. Tepe, Christian: Wege zum nachhaltigen Denken. Ein philosophisches Traktat über Naturschutz, Ethik und Umweltpolitik, Baden-Baden 2019, S. 55.

senkameraden zuhören. Sie lernen also zunächst, ihre eigene Situation in Worte zu fassen und einzuordnen. Die anderen hören zu und versuchen, sich in die Lage des anderen hineinzuversetzen. Dann können die Mitschüler überlegen, wie sie helfen können. Es geht also darum, das Schulleben ganz praktisch zu verbessern und sich mit Respekt zu begegnen. Ellenbogenverhalten und Mobbing sollen sich nicht herausbilden können.[212]

Die Bedeutung der Wahrnehmung

Trotz vieler optimistischer Aussagen in diesem schmalen Band dürfte sich bei manchem der Eindruck einstellen: Niemand wird die komplexe Krise, in der wir uns befinden, lösen, die Lage ist hoffnungslos. Vielleicht ist sie das. Vielleicht aber auch nicht.

Dieses kleine Buch ist in Teilen während der Coronakrise im Frühjahr des Jahres 2020 entstanden. Jene Krise brachte unseren normalen Alltag vollkommen durcheinander. Covid-19 zeigt unsere Verletzlichkeit in Zeiten der Globalisierung. Aber auch die Handlungsfähigkeit des Nationalstaates. Viele Regierungen bewiesen Entschlossenheit und griffen durch. Schulen und Universitäten wurden geschlossen, ebenso Kinos, Theater und Restaurants. Es gab Ausgangs- und Kontaktsperren. Solche durchgreifenden Maßnahmen hatte sich niemand noch einige Monate vorher vorstellen können. Unmöglich!

Doch das Unmögliche passierte. Die Bürgersteige wurden hochgeklappt. Die rigorosen staatlichen Maßnahmen wirkten und halfen, das Virus einzudämmen. Die Coronakrise belegt:

---

212 Vgl. Glösel, Kathrin: Mitgefühl lernen? In Dänemark ist Empathie ein eigenes Fach in der Schule. Online unter: https://kontrast.at/ schulfach-empathie-daenemark-schule/ [Stand: 7.6.2020].

Es geht auch anders! Wären wir doch nur so konsequent bei anderen Krisen!

Das in Westeuropa dominante neoliberale Menschenbild, das von Wettbewerb, Leistungsfähigkeit und Individualismus ausgeht, geriet unter Druck. Offenbar wurde: Es ist nicht krisentauglich. Mehr noch: Es gab in der Krise viele solidarische Handlungen. Handeln statt Hamstern! In vielen Ortschaften entwickelten sich zahlreiche Hilfsangebote – vom Einkaufen für Risikogruppen bis zur Kinderbetreuung. Menschen machten sich gegenseitig in der Quarantäne mit Musik Mut. Die Krise zeigte auch: Individuelle Verhaltensänderungen sind einfacher, wenn die Veränderung für alle gleichzeitig eintritt.

Weil Corona uns nachdrücklich lehrt, dass jederzeit etwas passieren kann, mit dem vorher keiner gerechnet hat, ist Apathie keine Option. »Die schlimmste aller Haltungen ist die Gleichgültigkeit«, schrieb der berühmte französische Résistance-Kämpfer Stéphane Hessel (1917–2013).[213] D'accord, Monsieur Hessel. Zu bedenken gilt dabei, dass Wahrnehmung etwas sehr Subjektives ist. Entscheidend ist, welche Bedeutung man Ereignissen oder Schicksalen zukommen lässt.

Für die Zukunft bringt es viel, den Blick in den Rückspiegel zu werfen, aber wenig, mit dem Schicksal zu hadern. Wir selbst haben die Möglichkeit zu entscheiden, wie sehr wir uns von bestimmten Entwicklungen frustrieren und lähmen lassen wollen – oder ob nicht.

Vielleicht gibt es keinen Sinn, kein großartiges Design im Universum, keine Leitlinien für das Leben außer denen, die der Mensch sich selbst schafft. Wenn wir also eine Lebensweise entwickeln, die für uns Sinn ergibt, ist schon viel erreicht.

In die gleiche Richtung hat sich Howard Zinn geäußert. In seinem letzten öffentlichen Beitrag vor seinem Tod schrieb er:

---

213 Hessel, Stéphane: Indignez-vous!, 13. Auflage, Montpellier 2011, S. 14. Im Original: »La pire des attitudes c'est l'indifférence.«

»Ein Optimist muss nicht unbedingt ein unbekümmerter, leicht vertrottelter Mensch sein, der im Dunkel unserer Zeit vor sich hinpfeift (um sich Mut zu machen). Wer auch in schlimmen Zeiten die Hoffnung nicht aufgibt, ist kein romantischer Narr. Er kann sich darauf berufen, dass die menschliche Geschichte nicht nur eine Geschichte des Konkurrenzkampfes und der Grausamkeit ist, sondern auch die Geschichte der Leidenschaft, des Opfers, des Mutes und der Güte.

Die Entscheidung, die wir in dieser komplizierten Situation treffen, wird unser künftiges Leben bestimmen. Wenn wir nur die Schwierigkeiten sehen, wird das unsere Fähigkeit zur Gegenwehr zerstören. Wenn wir uns aber an die vielen historischen Begebenheiten und Orte erinnern, bei und an denen sich Menschen unerschrocken zur Wehr gesetzt haben, ermutigt uns das zum Handeln und eröffnet uns zumindest die Möglichkeit, diese taumelnde Welt in eine andere Bahn zu lenken. Wenn wir jetzt im Kleinen zu handeln beginnen, müssen wir nicht auf eine großartige utopische Zukunft warten. Die Zukunft ist eine unendliche Folge von gegenwärtigen Zuständen, und wenn wir trotz der schlimmen Zustände, die jetzt herrschen, schon so zu leben beginnen, wie Menschen unserer Meinung nach leben sollten, ist das schon ein wunderbarer Sieg.«[214]

Besser kann man es nicht ausdrücken. Danke, Howard!

---

214 Zinn, Howard: Wir sollten das Spiel nicht verloren geben, bevor nicht alle Karten ausgespielt sind. Im englischen Original: We Should Not Give Up the Game Before All the Cards Have Been Played, Februar 2010. Artikel online unter: http://www.luftpost-kl.de/luftpost-archiv/LP_10/LP03910_070210.pdf [Stand: 15.2.2020].

Jetzt ins Handeln kommen!

Dieses Buch ist zu Ende. Oder aber auch nicht. Es will Teil eines offenen Veränderungsprozesses sein, der von vielen unterschiedlichen Menschen auf der ganzen Welt gestaltet wird. Wo und wie kann man sich einklinken? Die folgenden Links geben einige Anregungen!

Kleidung tauschen und teilen

www.kleiderkreisel.de

Nahrung teilen

www.foodsharing.de

Strom aus erneuerbaren Energien beziehen

https://www.gruenerstromlabel.de/

https://buergerwerke.de/

https://www.greenpeace-energy.de

Zero Waste – Müll vermeiden

https://minimalwaste.de/

http://www.zerowastelifestyle.de/

https://www.zero-waste-helden.de/

https://zerowasteladen.de

Anders einkaufen, faire Produkte

https://www.bewusstkaufen.at

https://www.nachhaltig-einkaufen.de/

https://www.memolife.de/

https://www.fairtrade-deutschland.de

https://www.utopia.de

https://www.smarticular.net

Anders essen, Lebensmittel anders anbauen
https://www.slowfood.de/
https://www.oekolandbau.de/
https://www.agronauten.net/
https://permakultur.de
https://www.solidarische-landwirtschaft.org
http://www.meine-landwirtschaft.de
https://wwoof.de/de
https://www.selbstversorger.de

Anders wohnen
http://verein.fgw-ev.de/
https://www.syndikat.org/de/
https://www.wohnprojekte-portal.de/home/
https://www.bring-together.de/de

Nachhaltige Geldanlage
https://www.forum-ng.org/de/
https://www.gls.de
https://www.triodos.com

Urbane Gemeinschaftsgärten
https://anstiftung.de/

Digitale Nachbarschaftsnetzwerke
www.nebenan.de
www.nextdoor.de

Faires Couchsurfing
www.fairbnb.coop

CO2 kompensieren
https://www.atmosfair.de

Minimalismus-Blogs – Tipps für ein minimalistisches Leben
https://www.einfachbewusst.de
http://achtsame-lebenskunst.de/
https://www.schlichtheit.com/
https://www.minimalismus-leben.de/

Politisch aktiv werden – Nichtregierungsorganisationen für den Wandel

https://www.mehr-demokratie.de/
https://www.attac.de/
https://fridaysforfuture.de/
https://extinctionrebellion.de/
https://www.ende-gelaende.org/
https://www.taxjustice.net/
https://www.oxfam.org/en
https://www.greenpeace.de/
https://www.bund.net/
https://www.nabu.de/
https://www.germanwatch.org/de
https://www.fian.de

Alle Links wurden geprüft. Eine Haftung für diese Links kann dennoch nicht übernommen werden. Webseiten können sich verändern.

Danksagung

Dieses Buch wäre nicht das, was es ist, wenn mir nicht viele liebenswürdige Menschen dabei geholfen hätten.

Ich danke Daniel Perings, Sandra Michels, Christopher Lee Stokes, Siegfried Krings, Judith Kaiser sowie meiner lieben Stephanie. Sie haben das Manuskript gelesen und mir bedeutsame Einschätzungen zum Text gegeben.

Schließlich danke ich dem Team des Tectum-Verlages für die reibungslose Zusammenarbeit!

Norbert Nicoll im Juni 2020.

Literaturverzeichnis

Allgemeiner Deutscher Fahrrad-Club (Hg.): Positionspapier »Geschützte Radfahrstreifen«, Berlin 2018. Online unter: https://www.adfc.de/fileadmin/user_upload/Im-Alltag/Radverkehrsgestaltung/Download/Positionspapier_geschuetzte_Radfahrstreifen.pdf [Stand: 23.5.2020].

Allgemeiner Deutscher Fahrrad-Club (Hg.): Deutschland braucht die Verkehrswende. Und die Verkehrswende braucht das Fahrrad. Jetzt! Berlin 2016. Online unter: https://www.adfc.de/fileadmin/user_upload/Im-Alltag/Radverkehrsfoerderung/Download/Verkehrspolitische_Forderungen_des_ADFC_an_den_Bund_2017_-_2021_web.pdf [Stand: 23.5.2020].

Ariès, Paul: La simplicité volontaire contre le mythe de l'abondance, Paris 2012.

Augustin, Frank/Will, Tanja: Natur, Kapitalismus und das Neue – ein Gespräch mit Reinhard Loske, in: Agora 42, Nr. 2, 2019. Artikel auch online unter: https://agora42.de/reinhard-loske-natur/ [Stand: 6.6.2020].

Bach, Stefan/Thiemann, Andreas: Hohes Aufkommenspotential bei Wiedererhebung der Vermögensteuer, in: Deutsches Institut für Wirtschaftsforschung (Hg.): DIW Wochenbericht, Nr. 4, Berlin 2016, S. 79–89.

Berger, Jens: Lassen Sie uns doch mal über Verkehr reden – Teil 1: Kostenloser ÖPNV? Online unter: https://www.nachdenkseiten.de/?p=50643 [Stand: 7.6.2020].

Binswanger, Mathias: Der Wachstumszwang. Warum die Volkswirtschaft immer weiterwachsen muss, selbst wenn wir genug haben, Weinheim 2019.

Birkenstock, Maren/Harnisch, Richard et al.: Zwölf Thesen zum Thema Zeitwohlstand, in: Ökologisches Wirtschaften, Nr. 4, 2015, S. 15–16.

Bleisch, Barbara/Büchler, Andrea: Kinder wollen. Über Autonomie und Verantwortung. München 2020.

Blühdorn, Ingolfur: Nachhaltigkeit und postdemokratische Wende, in: Vorgänge, Heft 2, 2010, S. 44–54.

Blühdorn, Ingolfur: Entpolitisierung und Expertenherrschaft: Zur Zukunftsfähigkeit der Demokratie in Zeiten der Klimakrise, Reihe »Vordenken«, Wuppertal Institut/Heinrich-Böll-Stiftung, Berlin 2010.

Brand, Ulrich/Wissen, Markus: Imperiale Lebensweise. Zur Ausbeutung von Mensch und Natur im globalen Kapitalismus, München 2017.

Brune, François: Le bonheur conforme, Paris 1985.

Brunnengräber, Achim/Haas, Tobias: Die falschen Verheißungen der E-Mobilität, in: Blätter für deutsche und internationale Politik, 62. Jg., Nr. 6, 2017, S. 21–24.

BUND (Hg.): Kommunale Suffizienzpolitik. Strategische Perspektiven für Städte, Länder und Bund, Kurzstudie des Wuppertal Instituts für Klima, Umwelt und Energie, Berlin 2016.

Busse, Tanja: Die Artenvielfalt stirbt – und wir schauen zu, in: Blätter für deutsche und internationale Politik, 64. Jg., Nr. 11, 2019, S. 58–69.

Butler, Judith: Kann man ein gutes Leben im schlechten führen?, in: Blätter für deutsche und internationale Politik, 57. Jg., Nr. 10, 2012, S. 97–108.

Chenoweth, Erica/Stephan, Maria J.: Why Civil Resistance Works: The Strategic Logic of Nonviolent Conflict, New York City 2011.

Chomsky, Noam: Occupy!, Unrast transparent, Bewegungslehre, Band 3, Münster 2012.

Chomsky, Noam: Requiem für den amerikanischen Traum. Die 10 Prinzipien der Konzentration von Reichtum und Macht, München 2019.

Coady, David/Parry, Ian et al.: Global Fossil Fuel Subsidies Remain Large: An Update Based on Country-Level Estimates, IMF Working Paper, WP/19/89, Washington D.C. 2019. Online unter: https://www.imf.org/~/media/Files/Publications/WP/2019/WPI EA2019089.ashx [Stand: 6.6.2020].

De Schutter, Olivier: Agroecology and the Right to Food, UN Human Rights Council, Bericht des UN-Sonderberichterstatters für das Recht auf Nahrung, 2010. Online unter: http://www2.ohchr.org/english/issues/food/docs/A-HRC-16-49.pdf [Stand: 7.6.2020].

De Schutter, Olivier: The transformative potential of the right to food, UN Human Rights Council, Bericht des UN-Sonderberichterstatters für das Recht auf Nahrung, Final Report, 2014. Online unter: http://www.srfood.org/images/stories/pdf/officialreports/20140310_finalreport_en.pdf [Stand: 7.6.2020].

DIW Econ/Forum Ökologisch-Soziale Marktwirtschaft (Hg.): Der Neun-Punkte-Plan. Beschäftigungs- und Klimaschutzeffekte eines grünen Konjunkturprogramms, Studie im Auftrag von Greenpeace Deutschland, Berlin 2020.

Dwyer, Bernie: Corporate journalism – Noam Chomsky interviewed by Bernie Dwyer, Radio Havana, 23. Oktober 2003. Der transkribierte Interviewtext findet sich online unter: http://www.chomsky.info/interviews/20031028.htm [Stand: 15.2.2020].

Europäische Kommission: Rede der gewählten Kommissionspräsidentin von der Leyen im Europäischen Parlament anlässlich der Debatte zur Vorstellung des Kollegiums der Kommissionsmitglieder und seines Programms am 27. November 2019 in Straßburg. Online unter: https://ec.europa.eu/commission/presscorner/detail/de/speech_19_6408 [Stand: 5.6.2020].

Felbermeier, Bernhard et al.: Zur Machbarkeit eines weltweiten Aufforstungsprogramms. Eine Kurzstudie, Technische Universität München, April 2016. Online unter: https://www.forum-fuer-ver antwortung.de/wp-content/uploads/2016/06/akt_mzn_wald optionen-kurzstudie.pdf [Stand: 25.4.2020].

Forum Gemeinschaftliches Wohnen: Bundesmodellprogramm. Gemeinschaftlich wohnen, selbstbestimmt leben. Online unter: http://wohnprogramm.fgw-ev.de/die-modellprojekte/wohn projekt-r070-neues-wohnen-und-arbeiten-im-alten-klinikum-weimar/ [Stand: 3.3.2020].

Frey, Bruno S./Frey Marti, Claudia: Glück – Die Sicht der Ökonomie, in: Wirtschaftsdienst, Nr. 7, 2010, S. 458–463.

Fuhrhop, Daniel: Verbietet das Bauen! Streitschrift gegen Spekulation, Abriss und Flächenfraß, 2. Auflage, München 2020.

Gadrey, Jean: Adieu à la croissance. Bien vivre dans un monde solidaire, 2. Auflage, Paris 2012.

Ganser, Daniele: Europa im Erdölrausch. Die Folgen einer gefährlichen Abhängigkeit, 3. Auflage, Zürich 2013.

Geißler, Heiner: Sapere aude! Warum wir eine neue Aufklärung brauchen, Berlin 2012.

Gelleri, Christian: Chiemgauer Regiomoney: Theory and Practice of a Local Currency, in: International Journal of Community Currency Research, Vol. 13, 2009, S. 61–75.

Gelleri, Christian: Chiemgauer. Theorie und Praxis des Regiogeldes. Online unter: https://www.chiemgauer.info/fileadmin/user_upload/Theorie/GelleriTheorieundPraxisRegiogeld.pdf [Stand: 7.4.2020].

Glösel, Kathrin: Mitgefühl lernen? In Dänemark ist Empathie ein eigenes Fach in der Schule. Online unter: https://kontrast.at/schul fach-empathie-daenemark-schule/ [Stand: 7.6.2020].

Göpel, Maja: Unser Wunsch nach mehr, unsere Angst vor weniger. Wie unser Wohlstandsmodell den Planeten ruiniert, in: Blätter für deutsche und internationale Politik, 65. Jg., Nr. 3, 2020, S. 98–106.

Gramsci, Antonio: Gefängnishefte, Band 1, Hamburg 1991.

Habermann, Friederike: Die Freiheit, so zu leben, wie wir es wollen, in: Konzeptwerk Neue Ökonomie (Hg.): Zeitwohlstand. Wie wir anders arbeiten, nachhaltig wirtschaften und besser leben, München 2014, S. 15–23.

Hänggi, Marcel: Fortschrittsgeschichten. Für einen guten Umgang mit Technik, Frankfurt am Main 2015.

Hartmann, Kathrin: Aus kontrolliertem Raubbau. Wie Politik und Wirtschaft das Klima anheizen, Natur vernichten und Armut produzieren, München 2015.

Hartmann, Kathrin: Die grüne Lüge. Weltrettung als profitables Geschäftsmodell, München 2018.

Heinberg, Richard: Jenseits des Scheitelpunkts, Waltrop/Leipzig 2012.

Heinberg, Richard/Fridley, David: Our Renewable Future. Laying the Path for One Hundred Percent Clean Energy, Santa Rosa 2016.

Hessel, Stéphane: Indignez-vous!, 13. Auflage, Montpellier 2011.

Heubuch, Maria: Agrarökologie als Leitbild für Landwirtschafts- und Lebensmittelpolitik. Eine Begriffsklärung, in: AgrarBündnis e.V. (Hg.): Der kritische Agrarbericht 2018, Schwerpunkt: »Globalisierung gestalten«, Hamm 2018, S. 39–44.

Hopkins, Rob: The Transition Companion: making your community more resilient in uncertain times, London 2011.

Hüttmann, Matthias: Abreißen oder sanieren?, in: Ökologisch Bauen & Renovieren, 2018, S. 16–19.

I.L.A. Kollektiv (Hg.): Das Gute Leben für Alle. Wege in die solidarische Lebensweise, München 2019.

Illich, Ivan: Selbstbegrenzung. Eine politische Kritik der Technik, Hamburg 1975.

Inkota-Netzwerk/Oxfam Deutschland/Misereor (Hg.): Besser anders, anders besser: Mit Agrarökologie die Ernährungswende gestalten, Aachen/Berlin 2016. Online unter: https://www.misereor.de/fileadmin/publikationen/broschuere-agraroekologie.pdf [Stand: 15.2.2020].

Internationale Energieagentur: Global Energy Review 2020, Paris 2020. Online unter: https://www.iea.org/reports/global-energy-review-2020 [Stand: 13.5.2020].

Jackson, Tim: Wohlstand ohne Wachstum. Leben und Wirtschaften in einer endlichen Welt, Schriftenreihe der Bundeszentrale für politische Bildung, Band 1280, Bonn 2012.

Jochimsen, Beate: Wohlstand messen, in: Aus Politik und Zeitgeschichte, 62. Jg., 27–28/2012, S. 19–23.

Jonas, Hans: Das Prinzip Verantwortung: Versuch einer Ethik für die technologische Zivilisation, Frankfurt am Main 1984.

Joób, Mark: Probleme des Geldsystems und die Notwendigkeit von Vollgeld. Online unter: https://www.heise.de/tp/features/Proble me-des-Geldsystems-und-die-Notwendigkeit-von-Vollgeld-4711 584.html [Stand: 3.5.2020].

Ketterer, Hanna: Bedingungsloses Grundeinkommen und Postwachstum, in: Petersen, David J. et al. (Hg.): Perspektiven einer pluralen Ökonomik, Wiesbaden 2019, S. 395–428.

Kirschenmann, Lena: Argumente für einen neuen Umgang mit Zeit und Wohlstand, in: Konzeptwerk Neue Ökonomie (Hg.): Zeitwohlstand. Wie wir anders arbeiten, nachhaltig wirtschaften und besser leben, München 2014, S. 89–102.

Kopatz, Michael: Ökoroutine. Damit wir tun, was wir für richtig halten, München 2016.

Kösters, Judith: Vorwärts im Rückwärtsgang – eine Welt ohne Wachstum?, in: Kösters, Judith/Ließmann, Heike/Wellmann, Karl-Heinz (Hg.): Welt der Wirtschaft. Neue Fragen, einfach erklärt, Schriftenreihe der Bundeszentrale für politische Bildung, Band 1718, Bonn 2016, S. 195–206.

Kösters, Judith/Ließmann, Heike/Wellmann, Karl-Heinz (Hg.): Welt der Wirtschaft. Neue Fragen, einfach erklärt, Schriftenreihe der Bundeszentrale für politische Bildung, Band 1718, Bonn 2016.

Kreiß, Christian: Werbung – nein danke. Warum wir ohne Werbung viel besser leben könnten, München 2016.

Lange, Steffen/Santarius, Tilman: Smarte grüne Welt? Digitalisierung zwischen Überwachung, Konsum und Nachhaltigkeit, München 2019.

Larsson, Jörgen/Nässén, Jonas: Would shorter work time reduce greenhouse gas emissions? An analysis of time use and consumption in Swedish households, Göteborg 2010. Online unter: https://journals.sagepub.com/doi/abs/10.1068/c12239 [Stand: 5.6.2020].

Latouche, Serge: Survivre au développement, Paris 2004.

Les convivialistes (Hg.): Manifeste convivialiste. Déclaration d'inter-dépendance, Lormont 2013.

Loske, Reinhard: Sharing Economy – Gutes Teilen, schlechtes Teilen?, in: Humane Wirtschaft, Nr. 2, 2016, S. 14–18.

Ludmann, Sabrina: Ökologie des Teilens. Bilanzierung der Umweltwirkungen des Peer-to-Peer Sharing, Institut für ökologische Wirtschaftsforschung, Heidelberg 2018. Online unter: https://www.peer-sharing.de/data/peersharing/user_upload/Dateien/Oekologie_des_Teilens_Arbeitspapier_8_.pdf [Stand: 12.4.2020].

Mau, Katharina: »Das Streben nach Geld bedeutet einen großen Verzicht auf Freiheit« – Gespräch mit Gerrit von Jorck. Online unter: https://krautreporter.de/3085-das-streben-nach-geld-bedeutet-einen-grossen-verzicht-auf-freiheit [Stand: 12.3.2020].

Montgomery, David: Dreck. Warum unsere Zivilisation den Boden unter den Füßen verliert, Schriftenreihe der Bundeszentrale für politische Bildung, Band 1142, Bonn 2011.

Moore, Jason W./Patel, Raj: Entwertung. Eine Geschichte der Welt in sieben billigen Dingen, Berlin 2018.

Muraca, Barbara: Gut leben. Eine Gesellschaft jenseits des Wachstums, Berlin 2014.

Negt, Oskar: Keine Zukunft der Demokratie ohne Wirtschaftsdemokratie, in: Meine, Hartmut et al. (Hg.): Mehr Wirtschaftsdemokratie wagen!, Hamburg 2011, S. 7–13.

Nicoll, Norbert: Adieu, Wachstum! Das Ende einer Erfolgsgeschichte, Marburg 2016.

Niessen, Frank: Entmachtet die Ökonomen! Warum die Politik neue Berater braucht, Marburg 2016.

Observatoire des villes du transport gratuit (Hg.): Le nouveau réseau de transport gratuit à Dunkerque, Dünkirchen 2019. Online unter: https://www.wizodo.fr/photos_contenu/doc-28d84e88b6227 8b031fb2c7f3a818caa.pdf [Stand: 7.6.2020].

O. V.: »Autofahren ist schlimmer als eine Sucht« – Interview mit Hermann Knoflacher, Deutschlandfunk, 11.11.2017. Online unter: http://www.deutschlandfunkkultur.de/auto-und-mensch-aut ofahren-ist-schlimmer-als-eine-sucht.990.de.html?dram:article_id=400367 [Stand: 15.2.2020].

O. V.: Gratuité des bus à Dunkerque: »Du pouvoir d'achat, un droit à la mobilité pour tous, et un enjeu environnemental«. Online unter: https://www.francetvinfo.fr/economie/transports/gratuite-des-bus-a-dunkerque-du-pouvoir-d-achat-un-droit-a-la-mobilit e-pour-tous-et-un-enjeu-environnemental_2920893.html [Stand: 7.6.2020].

O. V.: Ernährungsrat: Die Wende beginnt vor Ort! Online unter: http://ernaehrungsraete.de/ernaehrungsrat-idee-ueberblick/ [Stand: 29.2.2020].

O. V.: Taxes in the Field of Aviation and their impact, Draft Final Report, Brüssel 2019. Online unter: https://www.transportenviro nment.org/sites/te/files/publications/EC_report_Taxes_in_field_ of_aviation_and_their_impact_web.pdf [Stand: 5.6.2020].

O. V.: »Verzicht auf Unnötiges erhöht den Lebensstandard« – Interview mit Christian Kreiß, in: ÖkologiePolitik. Das ÖDP-Journal, Nr. 158, Mai 2013, S. 28–32.

O. V.: »Eine unverantwortliche Verschwendung!« – Gespräch mit Christian Kreiß, in: ÖkologiePolitik. Das ÖDP-Journal, Nr. 159, Juni 2013, S. 24–27.

Oxfam Deutschland (Hg.): Im öffentlichen Interesse. Ungleichheit bekämpfen, in soziale Gerechtigkeit investieren, Berlin 2019. Online unter: https://www.oxfam.de/system/files/oxfam_factsheet_ deutsch_im-oeffentlichen-interesse-ungleichheit-bekaempfen-in-soziale-gerechtigkeit-investieren.pdf [Stand: 5.6.2020].

Paech, Niko: Suffizienz und Subsistenz: Therapievorschläge zur Überwindung der Wachstumsdiktatur, in: Konzeptwerk Neue Ökonomie (Hg.): Zeitwohlstand. Wie wir anders arbeiten, nachhaltig wirtschaften und besser leben, München 2014, S. 41–49.

Paech, Niko: Ökologischer Vandalismus. Die Chancen einer Postwachstumsökonomie, in: BLZ. Zeitschrift der Gewerkschaft Erziehung und Wissenschaft Bremen, Ausgabe Nr. 6, Nov./Dez. 2019, S. 2.

Petersen, David J. et al. (Hg.): Perspektiven einer pluralen Ökonomik, Wiesbaden 2019.

Pflüger, Markus: »Krieg ist der größte Klimakiller«, in: Ausdruck, Magazin der Informationsstelle Militarisierung, Nr. 4, 2019, S. 39–41.

Pinker, Steven: Aufklärung jetzt. Für Vernunft, Wissenschaft, Humanismus und Fortschritt. Eine Verteidigung, Frankfurt am Main 2018.

Pomrehn, Wolfgang: Krieg ums Öl: Zeit für ein Entzugsprogramm. Online unter: https://www.heise.de/tp/news/Krieg-ums-Oel-Zeit-fuer-ein-Entzugsprogramm-4628984.html [Stand: 8.6.2020].

pronovaBKK (Hg.): Betriebliches Gesundheitsmanagement 2018, Ergebnisse der Arbeitnehmerbefragung, Leverkusen 2018. Online unter: https://www.pronovabkk.de/media/downloads/presse_studien/studie_bgm_2018/pronovaBKK_BGM_Studie2018.pdf [Stand: 13.4.2020].

Rabhi, Pierre: Glückliche Genügsamkeit, 2. Auflage, Berlin 2016.

REN21 (Hg.): Renewables 2019. Global Status Report, Paris 2019.

Reuter, Katharina: Von wegen Füße hochlegen für alle, in: Politische Ökologie, Nr. 150, 35. Jg., September 2017, S. 107–109.

Rinderspacher, Jürgen P.: Zeitwohlstand – Kriterien für einen anderen Maßstab von Lebensqualität. Online unter: http://www.zeitpolitik.de/pdfs/rinderspacher_zeitwohlstand.pdf [Stand: 5.4.2020].

Roos, Ulrich: Die Krise des Wachstumsdogmas. Ein Plädoyer für eine intervenierende Sozialwissenschaft, in: Blätter für deutsche und internationale Politik, 64. Jg., Nr. 6, 2019, S. 49-58.

Rosa, Hartmut: Resonanz statt Entfremdung, in: Konzeptwerk Neue Ökonomie (Hg.): Zeitwohlstand. Wie wir anders arbeiten, nachhaltig wirtschaften und besser leben, München 2014, S. 63–72.

Rosa, Hartmut: Resonanz. Eine Soziologie der Weltbeziehung, Frankfurt am Main 2016.

Rosa-Luxemburg-Stiftung (Hg.): Luxemburg, Ausgabe »Bahn frei«, Nr. 1, Berlin 2020.

Rösl, Gerhard, Regionalwährungen in Deutschland – Lokale Konkurrenz für den Euro?, in: Deutsche Bundesbank (Hg.): Diskussionspapier. Reihe 1: Volkswirtschaftliche Studien, Nr. 43, 2006. Online unter: https://www.econstor.eu/bitstream/10419/19672/1/200643dkp.pdf [Stand: 7.4.2020].

Rosnick, David/Weisbrot, Mark: Are Shorter Work Hours Good for the Environment? A Comparison of U.S. and European Energy Consumption, Center for Economic and Policy Research, Washington D.C. 2006. Online unter: http://cepr.net/documents/publications/energy_2006_12.pdf [Stand: 5.6.2020].

Ruggiero, Greg: Einleitung zur amerikanischen Ausgabe, in: Chomsky, Noam: Occupy!, Unrast transparent, Bewegungslehre, Band 3, Münster 2012.

Say, Jean-Baptiste: Traité d'économie politique, Paris 1803.

Sapper, Michael/Kaspar, Thomas: Soziologe: Darum haben Trump und die AfD so viel Erfolg. Online unter: https://www.merkur.de/politik/interview-prof-dr-hartmut-rosa-ueber-resonanz-wirksamkeit-afd-donald-trump-und-populismus-zr-7313606.html [Stand: 27.2.2020].

Schachtschneider, Ulrich: Ökologisches Grundeinkommen: Ein Einstieg ist möglich. Online unter: http://www.ulrich-schachtschneider.de/resources/BIEN+2012-$C3$96kologisches+Grundeinkommen-Ein+Einstieg+ist+m$C3$B6glich.pdf [Stand: 15.2.2020].

Schack, Ramon: Iran: Bevölkerungswachstum und Bildungspolitik. Online unter: https://www.heise.de/tp/features/Iran-Bevoelkerungswachstum-und-Bildungspolitik-3397726.html?view=print [Stand: 9.4.2020].

Scheidler, Fabian: Chaos. Das neue Zeitalter der Revolutionen, Wien 2017.

Scheub, Ute: Demokratie. Die Unvollendete, 2. Auflage, München 2017.

Scholz, Claudia: Zwei Milliarden zu 100 Millionen Euro. Bund zieht Autoforschung dem ÖPNV vor, in: Handelsblatt online vom 15.11.2019. Artikel online unter: https://www.handelsblatt.com/politik/deutschland/forschungsgelder-zwei-milliarden-zu-100-millionen-euro-bund-zieht-autoforschung-dem-oepnv-vor/2523 3060.html?ticket=ST-33801762-5G1gcecIckyJsJ5gbGsW-ap3 [Stand: 6.6.2020].

Schor, Juliet B.: The Overworked American: The Unexpected Decline Of Leisure, New York 1992.

Schreyer, Paul: Wer regiert das Geld? Banken, Demokratie und Täuschung, Frankfurt am Main 2016.

Schwinn, Florian: Rettet den Boden! Warum wir um das Leben unter unseren Füßen kämpfen müssen, Frankfurt am Main 2019.

Servigne, Pablo: La Résilience. Un concept-clé des initiatives de transition. Online unter: http://www.barricade.be/spip.php?article288 [Stand: 15.2.2020].

Spiecker, Friederike: Strukturwandel im Zuge der Corona-Krise – Teil 1. Online unter: http://www.aa-jy.de/pdf/2020/2020_04_28_Spiecker_strukturwandel-im-zuge-der-corona-krise-1.pdf [Stand: 14.6.2020].

Stengel, Oliver: Suffizienz, in: Woynowski, Boris et al. (Hg.): Wirtschaft ohne Wachstum?! Notwendigkeit und Ansätze einer Wachstumswende, Institut für Forstökonomie der Universität Freiburg, Reihe Arbeitsberichte des Instituts für Forstökonomie, Freiburg 2012, S. 285–297.

Stiglitz, Joseph et al. (Hg.): Report by the Commission on the Measurement of Economic Performance and Social Progress, Paris 2009. Online unter: https://ec.europa.eu/eurostat/documents/11 8025/118123/Fitoussi+Commission+report [Stand: 15.2.2020].

Stockholm International Peace Research Institute (Hg.): SIPRI Yearbook 2019. Armaments, Disarmament and International Security, Summary, Stockholm 2019. Online unter: https://www.sipri.org/sites/default/files/2019-08/yb19_summary_eng_1.pdf [Stand: 20.2.2020].

Taggart, Adam: Dr. Charles Hall: The Laws Of Nature. Trump Economics – Transkript eines Interviews mit Charles Hall, 5. März 2018. Online unter: https://www.peakprosperity.com/podcast/11 3808/dr-charles-hall-laws-nature-trump-economics [Stand: 7.6.2020].

Tax Justice Network (Hg.): The Price of Offshore Revisited, London 2012. Online unter: http://www.taxjustice.net/cms/upload/pdf/ Deutsch/TJN2012_KostenOffshoreSystem.pdf [Stand: 5.6.2020].

Tepe, Christian: Wege zum nachhaltigen Denken. Ein philosophisches Traktat über Naturschutz, Ethik und Umweltpolitik, Baden-Baden 2019.

The World Inequality Lab: Bericht zur weltweiten Ungleichheit 2018, Kurzfassung. Online unter: http://wir2018.wid.world/files/ download/wir2018-summary-german.pdf [Stand: 6.6.2020].

Trapp, Wiebke: Club of Rome: »Wir brauchen eine neue Aufklärung« – Gespräch mit Ernst-Ulrich von Weizsäcker. Online unter: http://www.tageblatt.lu/headlines/club-of-rome-wirbrauchen-eine-neue-aufklaerung/?reduced=true [Stand: 14.2.2020].

Umweltbundesamt (Hg.): Klimaschutz durch Tempolimit. Wirkung eines generellen Tempolimits auf Bundesautobahnen auf die Treibhausgasemissionen, Texte 38/2020, Dessau/Roßlau 2020. Online unter: https://www.umweltbundesamt.de/sites/default/ files/medien/1410/publikationen/2020-03-12_texte_38-2020_wirkung-tempolimit_bf.pdf [Stand: 18.5.2020].

Urban, Hans-Jürgen: Wirtschaftsdemokratie als Transformationshebel, in: Blätter für deutsche und internationale Politik, 64. Jg., Nr. 11, 2019, S. 105–114.

Van Reybrouck, David: Gegen Wahlen. Warum Abstimmen nicht demokratisch ist, Göttingen 2016.

Vincendon, Sibylle: A Dunkerque, les transports gratuits, ça paye. Artikel online unter: http://www.liberation.fr/france/2018/09/04/ a-dunkerque-les-transports-gratuits-ca-paye_1676590 [Stand: 7.6.2020].

Wagner, Jürgen: NATO-Kriterien: Versteckte Rüstungsausgaben, IMI-Standpunkt 2019/058. Online unter: https://www.imi-online .de/2019/12/06/nato-kriterien-versteckte-ruestungsausgaben/ [Stand: 6.6.2020].

Wehlings, Sebastian: »Die Wirtschaft verwechselt die Zeit mit der Uhr« – Interview mit dem Zeitforscher Ivo Muri, in: Fluter, Nr. 16, 2005, S. 38–41.

Weisman, Alan: Countdown. Hat die Erde eine Zukunft?, München 2013.

Welzer, Harald: Mehr Zukunft wagen. Zeit für Wirklichkeit – aber eine andere, in: Blätter für deutsche und internationale Politik, 64. Jg., Nr. 4, 2019, S. 53–64.

Wernicke, Jens: Die globale Ordnung zerbricht – ein Gespräch mit Fabian Scheidler, in: Brennstoff, Nr. 41, August 2015, S. 7–11.

Witt, Olga: Ein Leben ohne Müll: Mein Weg mit Zero Waste, Marburg 2017.

Woynowski, Boris et al. (Hg.): Wirtschaft ohne Wachstum?! Notwendigkeit und Ansätze einer Wachstumswende, Institut für Forstökonomie der Universität Freiburg, Reihe Arbeitsberichte des Instituts für Forstökonomie, Freiburg 2012.

Zinn, Howard: Wir sollten das Spiel nicht verloren geben, bevor nicht alle Karten ausgespielt sind. Im englischen Original: We Should Not Give Up the Game Before All the Cards Have Been Played, Februar 2010. Artikel online unter: http://www.luftpost-kl.de/luftpost-archiv/LP_10/LP03910_070210.pdf [Stand: 15.2.2020].

Zucman, Gabriel: Motor der Ungleichheit, in: Süddeutsche Zeitung online vom 6.11.2017. Online unter: https://projekte.sueddeut-sche.de/paradisepapers/wirtschaft/steueroasen-befeuern-ungleichheit-e198908/ [Stand: 5.6.2020].

Zum Autor

Dr. Norbert Nicoll ist Wirtschafts- und Politikwissenschaftler. Er lehrt an der Universität Duisburg-Essen zur Nachhaltigen Entwicklung und ist zudem Gymnasiallehrer für Geschichte und Geographie. Als Attac-Mitglied treibt ihn die Frage nach der Zukunftsfähigkeit westlicher Gesellschaften um. Nicoll lebt in Belgien nahe der deutschen Grenze.

Adieu Wachstum!
Das Ende einer Erfolgsgeschichte

Von Norbert Nicoll
432 S. • Klappenbroschur • 2016
Print 18,95 €
E-Book 14,99 €
ISBN 978-3-8288-3736-2
ePDF 978-3-8288-6540-2
ePub 978-3-8288-6541-9

Norbert Nicoll liefert eine reichhaltige, kritische Darstellung der kapitalistischen Wachstumsidee. Er macht anschaulich, wie diese historisch entstanden ist, wie sie einen kleinen Teil Privilegierter reich gemacht hat und uns nun in eine Klima-, Energie- und Ressourcenkrise führt. In einer Tour de Force bringt er uns Fakten aus Ökologie, Ökonomie, Soziologie, Geologie, Geschichts- und Politikwissenschaft nahe. Dabei erstellt er nicht nur eine eindrucksvolle Negativbilanz von Umweltzerstörung, Klimawandel, Ressourcenverbrauch und sozialer Spaltung. Er gewinnt daraus zugleich Ansätze für eine nachhaltige und menschenfreundliche Metamorphose der Wachstumsidee und macht plausibel: Wachstum und Wohlstand können und müssen entkoppelt werden, um unseren Planeten zukunftsfähig zu machen. Die Zeit des Bruttoinlandsprodukts (BIP) ist abgelaufen, lasst uns gut leben statt unendlich wachsen!

»Das Buch ist nicht nur dem Umfang nach, sondern auch hinsichtlich der interdisziplinären Zugänge eine Wucht... Das Buch erfüllt alle Voraussetzungen, um zum Standardwerk beim Thema Grenzen des Wachstums zu werden. Wer sich mit dieser immer brennender werdenden Frage intensiver auseinandersetzen möchte – und eigentlich wird das für alle mit akademischer Lesekompetenz zu einem ›Must‹ – dem oder der ist die Lektüre dringend zu empfehlen.«
Prof. Dr. Georg Auernheimer, socialnet.de 12/2016

»Endlich ein Buch, auf das ich schon seit langem gewartet habe! Denn es ist kein Umweltbuch im üblichen Sinne, das sich ›nur‹ dem Klimaproblem widmet, sondern alle Krisen gleichermaßen anspricht, denen wir uns stellen müssen. Es ist ein Buch, das alle angeht... Insgesamt ein großartiges Buch, das uns eine nachhaltige Entwicklung lehren kann, das möglichst viele lesen sollten.«
Wolfgang Freihen, scubalife.de 11/2017

Ich brauche nicht mehr

Konsumgelassenheit erlangen
und nachhaltig glücklich werden

Von Ines Maria Eckermann
336 S. • Klappenbroschur • 2019
Print 25,00 €
E-Book 19,99 €
ISBN 978-3-8288-4173-4
ePDF 978-3-8288-7049-9
ePub 978-3-8288-7050-5

Zweimal an denselben Ort in den Urlaub fahren? Niemals! Wir wollen mehr sehen von der Welt, mehr erfahren, mehr leben. Wir setzen uns Ziele, wohin wir reisen wollen, was wir essen und was wir uns kaufen wollen. Aus einem schicken Smartphone wird schon nach wenigen Monaten teurer Elektroschrott und aus dem neuen Kleid nur eines von vielen, das rasch von textilen Neuankömmlingen verdrängt wird.
Die neueste Mode, die innovativste Technik und der trendigste Lifestyle – wir sind süchtig nach mehr. Wir arbeiten, um zu kaufen, und hoffen, dass mit dem neuen Paar Schuhe oder dem schicken neuen Laptop auch das Glück in unseren Einkaufstaschen und in unserem Leben landet. Die Pleonexia, die Sucht nach mehr, macht sich nicht nur auf unserem Konto bemerkbar, sondern geht auch auf Kosten unserer Umwelt. Diese Sucht zu überwinden hilft uns dabei, nachhaltig zu handeln und dauerhaft glücklich zu werden.

Ines Maria Eckermann stellte schon früh fest, dass es einen Zusammenhang zwischen Lebenszufriedenheit und dem Umgang mit unserer Umwelt gibt. Deshalb engagiert sie sich seit ihrer Jugend in verschiedenen Naturschutzverbänden. Sie promovierte in der Philosophie über die Aktualität antiker Glückstheorien und ließ sich zur Seelsorgerin ausbilden. Heute arbeitet sie als Journalistin und Autorin und hält Workshops und Vorträge zu den Themen Nachhaltigkeit, Glück und Achtsamkeit.
www.ines-eckermann.de

»*Das Buch gibt viele Tipps, wie ein glücklicheres Leben mit weniger Konsum aussehen kann. Es inspiriert, das eigene Konsumverhalten zu hinterfragen und ist voller praktischer Ideen und Alternativen, die wirklich Spaß machen bei der Umsetzung.*«

So! Kurier am Sonntag 26.10.2019

Ein Leben ohne Müll
Mein Weg mit Zero Waste

Von Olga Witt
280 S. • Klappenbroschur • 2019
Print 20,00 €
E-Book 15,99 €
ISBN 978-3-8288-4269-4
ePDF 978-3-8288-7028-4
ePub 978-3-8288-7029-1

Zero Waste ist keine Diät, sondern eine Lebenseinstellung. Olga Witt zeigt, was der möglichst totale Verzicht auf Müll bedeuten kann. Auch wenn wir unsere bisherige Bequemlichkeit dafür ein Stück weit opfern, wird unser Leben nicht komplizierter, aufwendiger oder anstrengender. Ganz im Gegenteil, denn Zero Waste bedeutet vor allem Entschleunigung, Entspannung, Zufriedenheit und Verbundenheit mit uns selbst und der Welt. Wir gewinnen so viel mehr. Aber das erfährt man in der Regel erst, wenn man es selbst ausprobiert ... Der Bestseller ist ein mit vielen praktischen Tipps ausgestattetes Hand- und Mutmachbuch für alle, für Singles, Paare und Familien, die dem alltäglichen Müll Stück für Stück Lebewohl sagen wollen.

2. Auflage mit aktualisierten Infos,
noch mehr Ideen und neuen Rezepten

Die Beschäftigung mit Zero Waste hat Olga Witts Leben grundlegend verändert. Mit ihrem Mann und vier Kindern lebt die Architektin in Köln, wo sie Mitbegründerin von *Tante Olga* ist, dem ersten verpackungsfreien Laden der Stadt, der mittlerweile eine Filiale hat. In ihrem Blog *zerowastelifestyle.de* berichtet sie von ihrem Streben danach, so wenig Müll wie möglich zu hinterlassen, und bietet Workshops und Vorträge zum Thema an.

»ein Muss für alle, denen es wichtig ist nachhaltig zu leben.«
Alina Schärmer, mei-infoeck.at 18.07.2019

»Ein faszinierender Reisebericht in ein neues und besseres Leben!«
Graff Jubiläumsausgabe 2017, 23, zur Vorauflage

Zero Waste Baby
Kleines Leben ohne Müll

Von Olga Witt
224 S. • Klappenbroschur • 2019
Print 20,00 €
E-Book 15,99 €
ISBN 978-3-8288-4267-0
ePDF 978-3-8288-7173-1
ePub 978-3-8288-7174-8

Windeln, Schnuller, Spielsachen – wenn ein neues kleines Leben beginnt, stellt das Thema Müllvermeidung die Eltern erst einmal vor eine Herausforderung. Ehe man sich versieht, ist man von allerlei Kunststoffen umzingelt und der eigene Müllberg wächst bedenklich schnell in die Höhe.

Doch es geht auch anders! Aus eigener Erfahrung gibt Olga Witt, bekannte Aktivistin der Zero Waste-Bewegung und Erfolgsautorin des Buchs *Ein Leben ohne Müll*, werdenden und jungen Eltern einfach umsetzbare Tipps rund ums Baby und zeigt, wie es möglich ist, schon die erste gemeinsame Zeit mit gutem Gewissen zu genießen – für das Baby und für die Umwelt.

Olga Witt macht seit Juni 2016 gemeinsam mit ihrem Mann täglich neue Erfahrungen mit ihrem ersten »Zero Waste Baby«. Sie beschäftigt sich schon seit Jahren intensiv mit Zero Waste und hat den ersten verpackungsfreien Laden in Köln mitbegründet. Sie berichtet regelmäßig in ihrem Blog *zerowastelifestyle.de* von ihrem Streben danach, so wenig Müll wie möglich zu hinterlassen, und bietet Workshops und Vorträge zum Thema an.

»Dieses Buch eignet sich gut als Geschenk für eine Schwangere oder frischgebackene Mama... Bei der Lektüre des Buches bekommt man selbst gleich Lust aufs Leihen und Loslassen.«

Lea Heidler, obacht Familienmagazin Okt/Nov 2019, 25